清华社"视频大讲堂"大系
CG 技 术 视 频 大 讲 堂

After Effects
+ AIGC
后期特效制作速成

倪栋⊙编著

清华大学出版社
北 京

内 容 简 介

本书是学习视频后期特效制作的图书，软件上主要使用的是Adobe After Effects并结合了AIGC工具Midjourney。本书分为3篇：入门篇、进阶篇和实战篇。整本书的内容涵盖后期特效制作的多个方面，包括特效的基础知识、人工智能在特效制作中的应用、常用插件的操作方法，以及特殊操作技巧和实际应用案例等。旨在帮助读者掌握后期特效制作的基本理论知识，学习各种技巧和方法，以提高视频后期特效制作能力。

本书不仅适合初学者学习后期特效的基础知识，也适合有一定经验的后期特效设计师用于进一步提升设计水平。本书内容丰富、实用，书中精彩案例配套高清视频讲解，方便读者观摩并跟随练习，是一本不可多得的后期特效学习参考书。

图书在版编目（CIP）数据

After Effects+AIGC 后期特效制作速成 / 倪栋编著 .
北京 ：清华大学出版社，2024. 8. -- （清华社"视频大讲堂"大系 CG 技术视频大讲堂）. -- ISBN 978-7-302 -66998-2

Ⅰ．TP391.413

中国国家版本馆 CIP 数据核字第 20249D9L69 号

责任编辑：贾小红
封面设计：文森时代
版式设计：文森时代
责任校对：马军令
责任印制：刘海龙

出版发行：清华大学出版社
  网 址：https://www.tup.com.cn，https://www.wqxuetang.com
  地 址：北京清华大学学研大厦 A 座   邮 编：100084
  社 总 机：010-83470000   邮 购：010-62786544
  投稿与读者服务：010-62776969，c-service@tup.tsinghua.edu.cn
  质量反馈：010-62772015，zhiliang@tup.tsinghua.edu.cn
印 装 者：三河市铭诚印务有限公司
经 销：全国新华书店
开 本：203mm×260mm   印 张：17.5   字 数：667 千字
版 次：2024 年 10 月第 1 版   印 次：2024 年 10 月第 1 次印刷
定 价：98.00 元

产品编号：101265-01

本书编委会

主任

倪　栋　湖南大众传媒职业技术学院

执行单位

文森学堂

委员

唐　楷　湖南大众传媒职业技术学院　　　王师备　文森学堂

邓可可　湖南大众传媒职业技术学院　　　仇　宇　文森学堂

李夏如　湖南大众传媒职业技术学院　　　李依诺　文森学堂

彭　婧　湖南大众传媒职业技术学院

雷梦微　湖南大众传媒职业技术学院

杨姝敏　长沙民政职业技术学院

前言

Preface

后期特效是指在视频制作的后期阶段，为视频添加特殊效果。有些效果在实际拍摄中难以通过直接拍摄实现，或者某些实景、实物、真人、动物等如果通过实际拍摄则需要投入大量的时间和资金，于是选择通过后期软件进行效果制作，同样可实现预期的视觉展现效果。

本书分为3篇（入门篇、进阶篇、实战篇），共计11课，旨在让读者快速掌握后期特效制作的技能，成为一名优秀的后期特效师。

本书特色

◆ 课程设置丰富，内容结合人工智能，涵盖了后期特效的多个方面，让读者从入门到实战，全方位学习。

◆ 实例练习和综合案例充分考虑了实际项目的需求，让读者可以学以致用。

◆ 图文并茂，让读者可以更直观地了解所学知识。

◆ 作者经验丰富，拥有多年的后期特效制作经验，可以为读者提供专业的指导和建议。

本书内容

A篇主要介绍后期特效的基础知识、软件使用方法以及人工智能在特效制作中的应用。通过A01课的介绍，读者可以了解特效的定义和发展历程。A02课、A03课和A04课分别介绍了几个常用的After Effects插件，如Saber、AutoFill和Projection 3D，以及它们的使用方法，并结合人工智能平台，如Midjourney等进行案例制作练习。读者可以在这些课程中学会如何使用这些插件，为后续课程的学习打下基础。

B篇主要介绍了一些扩展的After Effects插件，如Element 3D、Mocha Pro和Particular，并通过一些实例练习和综合案例来展示这些插件的使用方法。读者可以在这些课程中学习如何制作精彩的特效，如三维模型、平面跟踪和粒子效果。

C篇展示了若干综合案例，如小镇夜景案例、冰原狼案例、未来世界案例和数字时代案例。这些案例结合了前文学过的插件和特效制作技能，让读者学以致用，将所学知识应用到实际项目中。

适合读者

◆ 对后期特效和人工智能感兴趣的初学者。

◆ 已经掌握After Effects基础知识，希望进一步学习后期特效制作的设计师和制作人员。

◆ 已经从事后期特效工作，希望进一步提高技能和水平的人员。

如何使用本书

本书可以按照课程顺序逐步学习，也可以根据自己的需求选择感兴趣的部分进行学习。每部分都包含了基础知识、使用方法和案例练习，读者可以通过阅读本书并结合实操来掌握所学知识。

◆ 实例练习：这些练习将帮助读者掌握各种软件的操作基础，为成为一名优秀的后期特效师奠定坚实的基础。

◆ 综合案例：读者将了解如何应用软件和后期特效制作技巧，完成真实的后期项目。

◆ 作业练习：提供制作思路，为读者准备更多的练习机会，帮助读者巩固所学知识，加强实践能力。

读者可以关注"清大文森学堂"微信公众号，进入"清大文森学堂-设计学堂"，了解更进一步的特效课程和培训。老师可以帮助读者批改作业、完善作品；也可以与读者直播互动并进行答疑演示，提供"保姆级"的教学辅导工作，为读者梳理清晰的思路，矫正不合理的操作，以多年的实战项目经验为读者的学习保驾护航。

结语

本书由湖南大众传媒职业技术学院的倪栋老师编著，文森学堂提供技术支持。另外，湖南大众传媒职业技术学院的唐楷、邓可可、李夏如、彭靖、雷梦薇老师，以及长沙民政职业技术学院的杨姝敏老师也参与了本书的编写工作。其中，倪栋负责A01课～A03课的编写及全书的统稿工作，唐楷负责A04课的编写工作，邓可可负责B01课的编写工作，李夏如负责B02课的编写工作，彭靖、雷梦薇和杨姝敏共同负责B03课～C04课的编写工作。文森学堂的王师备、仇宇、李依诺负责素材整理及视频录制工作。

希望通过本书的出版，可以为读者提供一本全面、系统、实用的后期特效学习指南，让读者可以快速掌握后期特效的制作技能，为自己的事业发展添砖加瓦。

如果您有任何建议或意见，欢迎联系我们，我们会尽力做得更好，为您提供更好的学习体验。

祝愿大家学有所成！

观看视频

素材下载

文森学堂

目录
Contents

A 入门篇

基本功能 基础操作

本篇将介绍特效基础知识、相关软件的使用方法以及常用插件的操作技巧，包括 Saber、AutoFill 和 Projection 3D。通过学习本篇内容，读者可以初步掌握特效制作的基础理论和操作技巧。

扫码观看视频课

走进特效的世界

想要进入影视后期行业，仅仅掌握视频剪辑技能是远远不够的。视频剪辑只是影视后期的第一阶段。因此，如果想要进入影视后期行业，就必须进行系统的学习。接下来，我们将进入特效的世界。

A01.1　特效是什么

影视后期特效是指对于在现实生活中无法拍摄或者难以拍摄的镜头和物体，使用计算机对其进行数字化处理，从而实现预期的视觉效果。这些特效通常被应用于影视、电视、广告等领域，以增强画面效果、创造更真实的场景或者刻画更生动的角色。影视后期特效通常被简称为影视特效，本书中以"特效"代称。

电影《银翼杀手2049》的特效工作室 Territory Studio 利用先进的技术手段，成功打造了一个全新的世界，以及炫酷的赛博朋克风格视觉效果。通过对电影场景、角色、道具等元素的精心设计和数字化处理，成功地将原著中的世界观进行了升级和扩展，为观众呈现了一个更加绚丽多彩、更加逼真的未来世界（见图 A01-1）。

图 A01-1

电影《新·哥斯拉》中运用了大量的模型与场景相结合的技术。片中的哥斯拉形象完全采用了计算机图形学（CG）技术制作而成，成功地呈现出了一个更加威武、更加逼真的怪兽形象，为观众带来了一场视觉上的盛宴（见图 A01-2）。

图 A01-2

著名的网络短片作者"华人小胖"（RocketJump 团队）也在其作品中大量使用了 After Effects 特效（见图 A01-3）。

图 A01-3

电影《勇往直前》中运用特效制作了震撼人心的火海场景和栩栩如生的"火熊"形象（见图 A01-4）。

图 A01-4

　　1895 年上映的电影《玛丽皇后的处决》是电影史上首部使用特技效果的电影。其中，女主角的斩首镜头是使用"替身拍摄法"完成的，如图 A01-5 所示。当时的特效技术主要通过摄影技巧完成，如停机、叠印、两次曝光等。

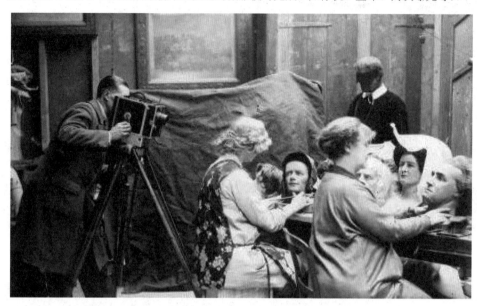

图 A01-5

　　1902 年上映的《月球之旅》是首部科幻电影，影片中 6 名天文学家乘坐子弹形状的太空舱进行月球探险，升空时击中了月亮的眼睛，此镜头是已知最早的使用定格动画技术的片段之一，如图 A01-6 和图 A01-7 所示。

图 A01-6

图 A01-7

1927 年上映的电影《大都会》在科幻电影史上有着划时代的意义。影片中气势恢宏的未来都市特效场景采用了玻璃接景的拍摄方法实现。美工在玻璃上绘制部分场景，后利用近大远小的透视关系将玻璃放在拍摄对象前完成拍摄，如图 A01-8所示。

图 A01-8

1933 年上映的电影《金刚》被视为电影特效制作的巨大进步，该片把真人表演和模型拍摄相结合，将传统的定格技术的优势发挥到极致。影片中，5 米多高的大猩猩模型内藏 3 名操作者，利用压缩空气和杠杆等机械手段控制其头部的动作。而影片中经典的金刚与霸王龙大战场面则是采用定格动画的手法制作的，即把需要拍摄的镜头分解成独立的单帧，对不同的动作逐一拍摄，随后组合为一个连贯的镜头，如图 A01-9 所示。

图 A01-9

1933 年上映的电影《透明人》是一部重要的影片，该片首次使用了黑幕技术（也就是如今的蓝幕、绿幕的雏形）。通过让全身涂黑的演员在黑幕前表演，实现了一个饱满的站立的裤子自己跳舞的效果，如图 A01-10 所示。

图 A01-10

1975 年由"工业光魔"进行特效制作的《星球大战》是一部影响深远、具有里程碑意义的电影作品，其中包含大量的光剑、打斗、爆破和太空科幻场景。该影片的特效运用被视为电影制作领域的巨大飞跃，标志着从传统特效向数字特效的转变。在影片的拍摄期间，制作团队还研发了动作控制摄像机，以确保前期拍摄时的视角和合成的数字画面是一致的，使绿幕拍摄和素材背景完美同步，如图 A01-11 所示。

图 A01-11

1984 年上映的《终结者》是美国著名的科幻电影系列。其快节奏的故事情节、超出人们想象的科幻设定以及融合了创意与工艺的视觉效果使其成为当之无愧的科幻经典。该系列影片中，可以随意变换形态的机器人采用了液态计算机成像（CGI）技术，这一技术的应用标志着特效技术发生了质的飞跃，如图 A01-12 所示。

图 A01-12

1994 年上映的《侏罗纪公园》是首部大规模使用 CGI 技术的特效电影。该片创造了具有真实皮肤、肌肉和动作质感的生动角色，展现了这一技术的巨大潜能。从该片开始，电影特效逐渐摆脱了实物模型，进入了数字时代，如图 A01-13 所示。

图 A01-13

1997 年上映的经典电影《泰坦尼克号》在全球票房超过 18 亿美元,这个纪录直到 12 年后才被《阿凡达》打破。《泰坦尼克号》之所以能够取得如此高的票房成绩,主要原因在于令人身临其境的视觉特效,片中有超过 500 个特效镜头,数量和规模都超过了之前的特效电影。该片将实体模型和 CGI 特效完美融合,为电影带来了更加真实的视觉效果,如图 A01-14 所示。

图 A01-14

2001 年上映的史诗魔幻大片《指环王》在全片中使用了超过 3400 个特效镜头。制作团队采用了真人动作捕捉、计算机制图(CG)、运动控制系统等多种技术手段,创造了极具真实感的"中土世界"。其中,通过前期的动作捕捉技术,在运动物体的关键部位设置跟踪器,将跟踪完成的数据进行后期特效合成,成功营造出虚拟人物"咕噜"。此后,动作捕捉技术逐渐成为特效电影制作流程中的重要一环,如图 A01-15 所示。

图 A01-15

2009 年上映的科幻史诗级 3D 巨制《阿凡达》开创了电影制作和观影体验的新时代。剧组在拍摄时使用了卡梅隆团队自主研发的 3D 摄影系统，通过使用两台摄像机模拟人的左右眼来实现平面影片的 3D 效果。影片超过三分之二的镜头都是由特效制作完成的，更是制作了上百个有真实质感的 CG 角色，使我们可以透过 3D 眼镜进入瑰丽壮阔的潘多拉星球，身手矫健的纳美人更是在全球刮起了一阵蓝色风暴，如图 A01-16 所示。

图 A01-16

2010 年上映的《盗梦空间》是一部令人沉浸其中的电影，观众可以跟随主人公在梦境与现实之间穿梭。在巴黎街头爆炸的画面是通过实拍镜头与 CG 粒子相结合进行制作的，使得场景更加真实，营造出了强烈的视觉冲击效果；而影片中的城市折叠画面是通过 3D 建模精细地搭建还原出巴黎街道进行制作的，如图 A01-17 所示。

图 A01-17

A01.3　人工智能与视频制作

在制作视频时，我们需要准备好文案、视频素材和封面等。随着人工智能技术的不断发展，我们可以利用 ChatGPT、Stable Diffusion、Midjourney 等人工智能工具，快速生成我们需要的文案、插画或图像，还可以在生成素材的基础上进行修改和微调，从而大幅提升工作效率，节省创作时间。

Runway 可以根据文字描述直接生成一段完整的影片，这是一项重大的技术进步。此外，在视频制作过程中，需要进行一些后期处理，如抠像、跟踪、风格化，或者将图片转换为动态视频、为黑白照片添加色彩、移除对象等，这些处理也可以使用 Runway 轻松完成，如图 A01-18 所示。

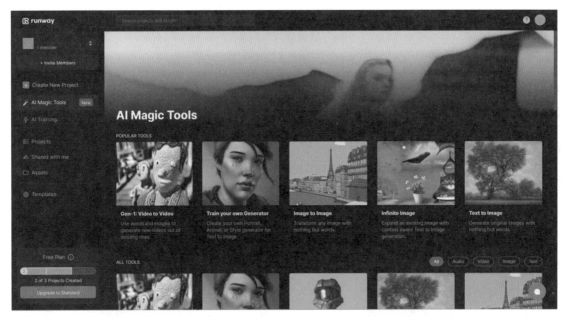

图 A01-18

单击【Gen-1:Video to Video（视频到视频）】工具，打开编辑界面。上传一段视频，单击【Presets（预设）】按钮，可以看到一些预设的风格，如图 A01-19 所示。

选择预设风格后，在下方调整风格的强度。风格强度越低则越贴合原始画面，相反，参数越高则越贴合预设风格，这里将调整参数为 11%；单击【Upgrade to generate（生成）】按钮，即可对视频进行风格化处理，如图 A01-20 所示。

回到开始界面，在这里还可以看到其他功能，如抠像、去除背景、根据文字生成图像、自定义视频制作、视频编辑、音频编辑、字幕制作等，如图 A01-21 所示，根据自己的需要，进入编辑界面就可以使用了。制作完成的视频还支持多种输出格式，包括 MP4、AVI、MOV 等，为用户提供了更广阔的创作空间。

图 A01-19

图 A01-20

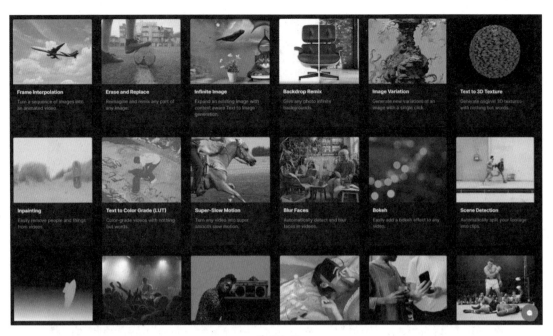

图 A01-21

Midjourney 是一款基于人工智能技术开发的文本生成图像程序，这是一种比较新颖的应用。通过输入文本描述，Midjourney 可以生成与其描述相符的图像。对于一些设计师或创意人士来说，这非常有用。尤其是在插画领域，Midjourney 可以根据提示词生成想要的插画。只要提示词足够精确，它就可以按照需求生成相应图像，如图 A01-22 所示。

图 A01-22

要通过 Midjourney 生成所需的图片，需要输入精确的提示词。不同或不够精准的提示词会导致生成的图片有很大的区别。输入提示词的方法：在底部输入栏中输入"/imagine prompt"，或者在对话框中输入"/"并单击常用指令"/imagine"，然后在 Prompt 对话框中输入提示词。请注意，指令必须使用英文。因此，您可以借助翻译软件辅助工作，或者使用 ChatGPT 来生成指令。例如，想要生成电饭煲的场景图，可以输入"Rice cooker on the rock The light is warm Green environment--ar1:1"，Midjourney 就会按照输入的提示词生成对应的图片，如图 A01-23 所示。

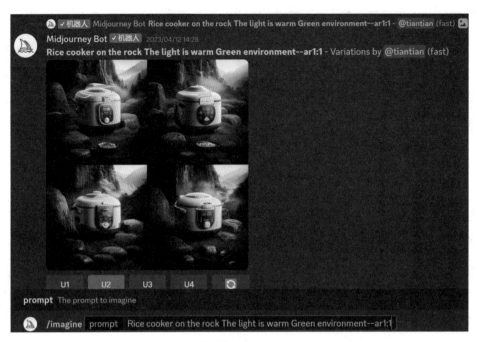

图 A01-23

ClipDrop 是一款免费的在线键控工具，利用人工智能算法，帮助用户轻松删除照片中的物体、人物、文字和瑕疵。即使对于那些具有复杂场景，如几缕头发或相似颜色阴影等的照片，ClipDrop 也能轻松处理。除了常见的移除背景、替换背景、文字擦除等功能，ClipDrop 还具备图像补光的能力。当图像质量较低或细节模糊时，ClipDrop 能够在几秒钟内去除噪点，恢复图像细节。此外，ClipDrop 还支持图像的两倍或四倍放大，如图 A01-24 所示。

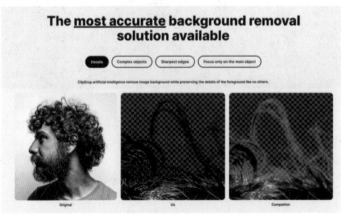

图 A01-24

A01.4　软件使用

　　影视后期制作就是对前期拍摄完的镜头做后期的处理，最终形成完整的影片，它涵盖了镜头的剪辑、特效添加、动画制作、文字叠加，以及背景音乐和音效的添加等环节。在后期制作过程中，会使用不同的软件工具进行处理。常见的后期制作软件包括平面软件（如 Photoshop、Illustrator 等）、非线性编辑软件（如 Premicre Pro、EDUIS、Final Cut Pro 等）、合成软件（如 After Effects、NUKE 等）以及三维软件（如 Cinema 4D、3DS Max、Maya、Houdini 等）。

◆ AE 是 After Effects 的简称，是 Adobe 公司开发的一款图形视频处理软件，也是其 Creative Cloud 系列产品中的重要软件，可以通过《After Effects 从入门到精通》一书进行基础学习，如图 A01-25 所示。

◆ PR 即 Premiere Pro，是一款非线性剪辑软件，也是 After Effects 重要的配合软件，本系列丛书同样推出了《Premiere Pro 从入门到精通》一书，以及对应的视频教程和延伸课程。建议读者使用本书同步学习，如图 A01-26 所示。

　　图 A01-25　　　　　　　　　　　　　　图 A01-26

◆ PS 即 Photoshop，是一款著名的图像处理软件，也是视频设计制作不可缺少的配合软件，本系列丛书同样推出了《Photoshop 从入门到精通》和《Photoshop 案例实战从入门到精通》，以及对应的视频教程和延伸课程。建议读者掌握一定的 Photoshop 软件操作基础，这样学习 After Effects 的过程会更加顺畅，如图 A01-27 所示。

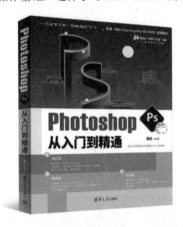　　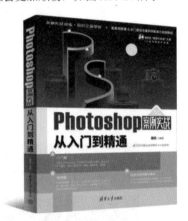

　　图 A01-27

总结

　　本课介绍了影视后期特效的概念和发展历程。特效非常适合用户尽情发挥想象力，创造如同梦境一般的神奇世界。现在，让我们一起开始影视后期特效的探索之旅吧！

Saber 是适用于 After Effects 的激光描边特效插件，由 Video Copilot（AK 大神）制作。插件主要可以制作能量光束、光剑、激光、传送门、霓虹灯、闪电和电流等特效。插件操作简单便捷，其内含有不同类型的特效预设可以直接使用，如图 A02-1 所示。

图 A02-1

A02.1　基础设置

执行【效果】-【Video Copilot】-【Saber】菜单命令，在【效果控件】中调整激光描边特效，如图 A02-2 所示。下面具体讲解 Saber 的基础效果。

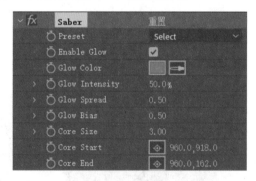

图 A02-2

◆ Preset（预设）：内置有 50 多种特效预设可以直接单击使用，如图 A02-3 和图 A02-4 所示。

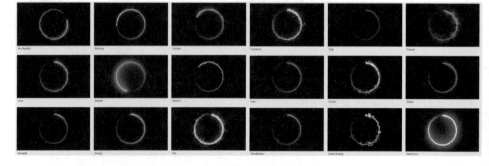

图 A02-3

◆ Enable Glow（启用辉光）：选中该复选框可以启用外部发光。由图 A02-5 可以看出，Saber 插件是由主体和辉光两个部分所构成。

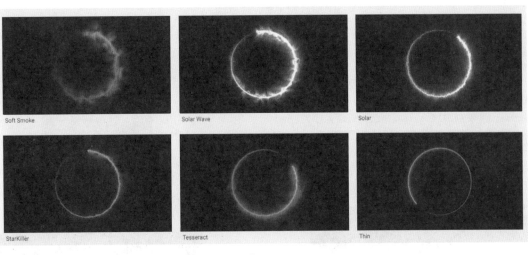

图 A02-4

图 A02-5

◆ Glow Color（辉光颜色）：更改色值调整发光颜色，如图 A02-6 所示。

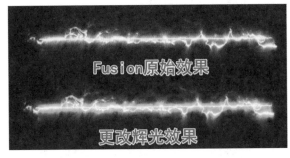

图 A02-6

◆ Glow Intensity（辉光强度）：调整主体的发光亮度，如图 A02-7 所示。

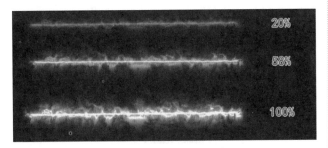

图 A02-7

◆ Glow Spread（辉光扩散）：调整外部辉光的发散效果，如图 A02-8 所示，参数越小则越聚拢，反之参数越大则越分散。

图 A02-8

◆ Glow Bias（辉光偏向）：调整外部辉光强度，如图 A02-9 所示。

图 A02-9

◆ Core Size（主体大小）：调整主体大小，取消选中【Enable Glow（启用光辉）】复选框，可以看出参数越大主体越大，如图 A02-10 所示。

图 A02-10

Customize Core（自定义主体）包括 Core Type（主体类型）、Text Layer（文字图层）、Mask Evolution（遮罩演变）、Start Size（开始大小）、Start Offset（开始偏移）、Start Roundness（开始圆滑度）、End Size（结束大小）、End Offset（结束偏移）、End Roundness（结束圆滑度）、Halo Intensity（光晕轮廓强度）、Halo Size（光晕大小）和 Core Softness（主体羽化），如图 A02-11 所示。其中各选项的具体介绍如下。

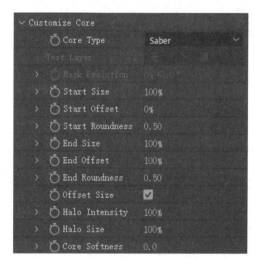

图 A02-11

◆ Core Type（主体类型）：可以选择 Saber（默认）、Layer Masks（遮罩图层）和 Text Layer（文字图层），如图 A02-12 所示。

图 A02-12

● Saber（默认）：原始的光束效果。

● Layer Masks（遮罩图层）：在原本的 Saber 效果图层上绘制蒙版，如图 A02-13 所示，根据蒙版轮廓应用激光描边效果，如图 A02-14 所示。

图 A02-13

图 A02-14

● Text Layer（文字图层）：自定义文字图层，将文字边缘应用激光描边效果，如图 A02-15 所示。

图 A02-15

◆ Text Layer（文字图层）：选择文字图层，需要注意应用时要隐藏原本的文字图层，如图 A02-16 所示。

图 A02-16

◆ Mask Evolution（遮罩演变）：通过遮罩演变角度改变开始点和结束点的位置，可以用来制作激光描边效果，如图 A02-17 所示。

图 A02-17

◆ Start Size（开始大小）：调整开始端的主体大小，如图 A02-18 所示。

图 A02-18

◆ Start Offset（开始偏移）：改变开始端的位置，如图 A02-19 所示。

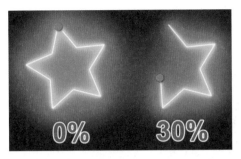

图 A02-19

◆ Start Roundness（开始圆滑度）：调整开始端的圆滑弧度，如图 A02-20 所示。

图 A02-20

◆ End Size（结束大小）：调整结束端的主体大小，如图 A02-21 所示。

图 A02-21

◆ End Offset（结束偏移）：改变结束端的位置，如图 A02-22 所示。

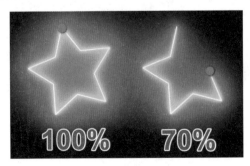

图 A02-22

◆ End Roundness（结束圆滑度）：调整结束端的圆滑弧

度，如图 A02-23 所示。

图 A02-23

◆ Halo Intensity（光晕轮廓强度）：调整主体的外发光强度，如图 A02-24 所示。

图 A02-24

◆ Halo Size（光晕大小）：调整主体的外发光扩散，如图 A02-25 所示。

图 A02-25

◆ Core Softness（主体羽化）：调整主体整体柔和度，如图 A02-26 所示，取消选中【Enable Glow（启用辉光）】复选框，只显示主体时羽化值越大，主体虚化范围越宽，整体效果也就越柔和。

图 A02-26

基本功能 基础操作

A02.3 实例练习——游戏手柄广告案例

使用 Midjourney 生成游戏手柄和场景,使用 Saber 效果制作手柄边缘发光的效果,凸显游戏手柄。本实例的最终效果如图 A02-27 所示。

图 A02-27

操作步骤

01 使用人工智能 Midjourney,在对话框中输入 "/",单击常用指令 "/imagine",如图 A02-28 所示,在 Prompt 对话框中输入提示词 "Game boy controller, neon color, pink and white gradient, translucent molten body, glossy, designed by Dieter Rams, high detail,Cyberpunk desktop, fine luster, 3D render, C4D, 8k, black background, studio lighting",等待人工智能生成游戏手柄图片,如图 A02-29 所示。

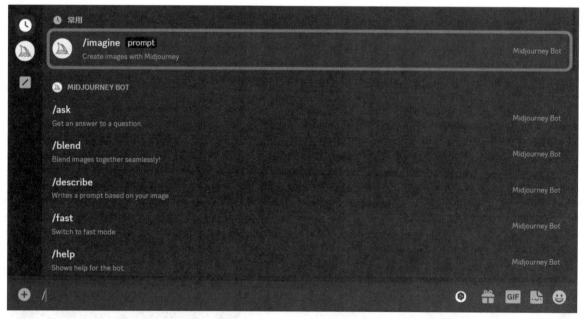

图 A02-28

02 右下方所生成的手柄较为真实,可以根据自己喜好单击【V】按钮对所选图像进行调整变化;当生成合适的图像后单击【U】按钮,放大图像添加更多细节并保存游戏手柄图片,如图 A02-30 所示。

03 接下来使用人工智能 Midjourney,生成和游戏手柄风格类似的"赛博朋克"桌面场景。在对话框中输入 "/"并单击常用指令 "/imagine",在 Prompt 对话框中输入提示词 "big desktop,display,Haye a computer,Cyberpunk style,left parallel view angle,enlarge decktop,blurred background ",等待人工智能生成左侧水平的电脑桌图片,如图 A02-31 所示。

图 A02-29

图 A02-30

图 A02-31

04 根据自己喜好将觉得合适的图片选中并单击【U】按钮，放大图像添加更多细节；觉得桌面物体不太符合需求时，单击【Make Variations】按钮在此基础上进行变化，等待人工智能生成新的图片；左下方场景桌面有可展示游戏手柄的位置，单击【U3】按钮放大图像并保存图片，如图 A02-32 所示。

图 A02-32

05 由于制作的手柄周围具有发光效果，需要使用人工智能 ClipDrop 将背景删除。把手柄图片导入网页内，等待人工智能算法删除照片的背景，如图 A02-33 所示。

06 使用 AE 软件制作动画。新建项目，在【项目】面板中导入图片素材"游戏机.png"和"室内.png"。新建合成，将素材"室内.png"拖曳至合成中，调整图层 #1"室内"的【缩放】属性参数；将图片素材"游戏机.png"拖曳至合成中，同理调整其【缩放】属性参数，如图 A02-34 所示。

图 A02-33

图 A02-34

07 使素材与场景一致。执行【效果】-【颜色校正】-【曲线】菜单命令，在【效果控件】中调整曲线，把亮部压暗；由于手柄过于清晰，执行【效果】-【模糊和锐化】-【摄像机镜头模糊】菜单命令；接下来新建纯色图层，绘制蒙版制作游戏手柄的投影，使投影更贴合桌面，开启三维开关，调整【位置】属性参数，根据画面调整投影颜色和蒙版路径，如图 A02-35 所示。

图 A02-35

08 接下来制作手柄发光效果。新建纯色图层并将其命名为"Saber"。选中图层 #1"Saber"执行【效果】-【Video Copilot】-【Saber】菜单命令；根据手柄形状添加蒙版，选中图层 #2"游戏机"执行【图层】-【自动跟踪】菜单命令，在面板中选择【当前帧】选项，等待系统根据当前帧生成蒙

版路径，如图 A02-36 所示。

图 A02-36

09 先对生成的路径按 Ctrl+C 快捷键进行复制，再按 Ctrl+V 快捷键粘贴至图层 #1"Saber"中；双击蒙版调整【蒙版路径】大小与游戏手柄一致，在【效果控件】中选择【Customize Core（自定义主体）】-【Core Type（主体类型）】为【Layer Masks（遮罩图层）】，为了方便绘制，将【Render Settings（渲染设置）】-【Composite Settings（合成设置）】调整为【Transparent（透明）】；调整图层位置，使发光效果在手柄下方，如图 A02-37 所示。

图 A02-37

10 在【效果控件】中调整【Glow Color（辉光颜色）】为蓝绿色，将【Glow Intensity（辉光强度）】和【Core Size（主体大小）】参数降低；在【Customize Core（自定义主体）】中调整【Halo Intensity（光晕轮廓强度）】和【Halo Size（光晕大小）】属性参数为 0%，调整【Core Softness（主体羽化）】参数为 9.3，如图 A02-38 所示。

图 A02-38

11 接下来完善细节。把"投影"图层移动至"发光效果"图层上方；选中图层 #1"游戏机"执行【效果】-【颜色校正】-【色相/饱和度】菜单命令，将【洋红】色相饱和度降低，如图 A02-39 所示。为了制作后续动画，全选图层进行预合成，添加【缩放】关键帧动画。至此，游戏手柄广告案例效果制作完成，单击▶按钮或按空格键，查看制作效果。

图 A02-39

A02.4　Flicker（闪烁）

Flicker（闪烁）包含 Flicker Intensity（闪烁强度）、Flicker Speed（闪烁速度）、Mask Randomization（遮罩随机）和 Random Seed（随机变化），如图 A02-40 所示。其中各选项的具体介绍如下。

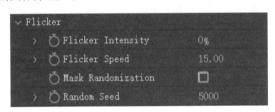

图 A02-40

图 A02-41

- ◆ Flicker Intensity（闪烁强度）：调整闪烁亮度的效果，如图 A02-41 所示。
- ◆ Flicker Speed（闪烁速度）：调整闪烁频率，参数越大则闪烁频率越高。
- ◆ Mask Randomization（遮罩随机）：当图层中存在多个遮罩，选中该复选框时会产生遮罩间随机闪烁的效果，如图 A02-42 所示。

图 A02-42

- ◆ Random Seed（随机变化）：使闪烁随机进行变化。

A02.5　Distortion（失真）

失真效果是对辉光和主体两部分进行紊乱，使其效果更加丰富。Distortion（失真）包括 Glow Distortion（辉光失真）和 Core Distortion（主体失真）两种，如图 A02-43 所示，效果对比如图 A02-44 所示。其中各选项的具体介绍如下。

图 A02-43

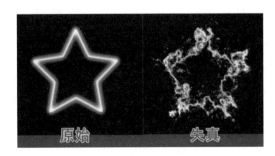

图 A02-44

1. Glow Distortion（辉光失真）

Glow Distortion（辉光失真）包括 Distortion Amount（失真强度）、Distortion Type（失真类型）、Composite（混合模式）、Invert（反转）、Wind Speed（风速）、Wind Direction Offset（风速方向偏移）、Noise Speed（噪波速度）、Noise Scale（噪波大小）、Noise Bias（噪波偏置）、Noise Complexity（噪波复杂度）、Noise Aspect Ratio（噪波纵横比）、Motion Blur（动态模糊）和 Random Seed（随机变化），如图 A02-45 所示。其中各选项的具体介绍如下。

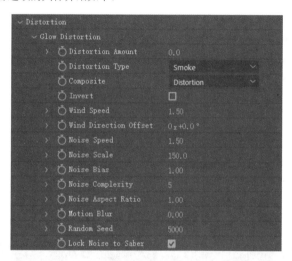

图 A02-45

◆ Distortion Amount（失真强度）：调整辉光失真所生成的噪波强度，如图 A02-46 所示。

图 A02-46

◆ Distortion Type（失真类型）：可以选择 Smoke（烟雾）、Fluid（流体）和 Energy（能量），如图 A02-47 所示，效果对比如图 A02-48 所示。

图 A02-47

图 A02-48

◆ Composite（混合模式）：可以选择 Distortion（失真）和 Multiply（叠加），如图 A02-49 所示，效果对比如图 A02-50 所示。

图 A02-49

◆ Invert（反转）：对辉光失真效果进行反转。
◆ Wind Speed（风速）：调整辉光失真的运动速度。

图 A02-50

◆ Wind Direction Offset（风速方向偏移）：调整辉光失真运动方向。
◆ Noise Speed（噪波速度）：调整噪波内的演化速度。
◆ Noise Scale（噪波大小）：调整噪波效果的大小，如图 A02-51 所示。

图 A02-51

◆ Noise Bias（噪波偏置）：调整噪波的锐化程度，如图 A02-52 所示。

图 A02-52

◆ Noise Complexity（噪波复杂度）：调整噪波内的细节，如图 A02-53 所示。

图 A02-53

◆ Noise Aspect Ratio（噪波纵横比）：调整噪波的纵向与横向比例，如图 A02-54 所示。

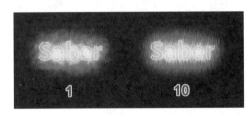

图 A02-54

◆ Motion Blur（动态模糊）：噪波移动时的动态模糊程度，如图 A02-55 所示。

图 A02-55

◆ Random Seed（随机变化）：增加失真的随机变化效果。

2．Core Distortion（主体失真）

Core Distortion（主体失真）包括 Distortion Amount（失真强度）、Distortion Type（失真类型）、Wind Speed（风速）、Wind Direction Offset（风速方向偏移）、Invert（反转）、Noise Speed（噪波速度）、Noise Scale（噪波大小）、Noise Bias（噪波偏置）、Noise Complexity（噪波复杂度）、Noise Aspect Ratio（噪波纵横比）、Motion Blur（动态模糊）、Random Seed（随机变化）和 Blend on Top（混合），如图 A02-56 所示。其中各选项的具体介绍如下。

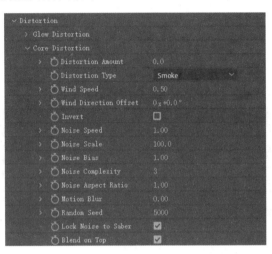

图 A02-56

◆ Distortion Amount（失真强度）：调整主体失真所生成的噪波强度，如图 A02-57 所示。

图 A02-57

◆ Distortion Type（失真类型）：可以选择 Smoke（烟雾）、Fluid（流体）和 Energy（能量），如图 A02-58 所示；把【Enable Glow（启用辉光）】效果关闭，观察主体的失真效果，如图 A02-59 所示。

图 A02-58

◆ Wind Speed（风速）：调整主体失真的运动速度。

图 A02-59

◆ Wind Direction Offset（风速方向偏移）：调整主体失真的运动方向。

◆ Invert（反转）：对主体失真效果进行反转。

◆ Noise Speed（噪波速度）：调整噪波内变化的速度。

◆ Noise Scale（噪波大小）：调整噪波效果的大小，如图 A02-60 所示。

图 A02-60

◆ Noise Bias（噪波偏置）：调整噪波的锐化程度，如图 A02-61 所示。

图 A02-61

◆ Noise Complexity（噪波复杂度）：调整噪波内的细节，如图 A02-62 所示。

图 A02-62

◆ Noise Aspect Ratio（噪波纵横比）：调整噪波的纵向和横向比例，如图 A02-63 所示。

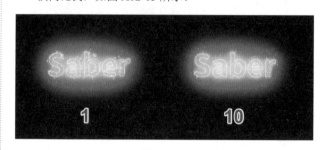

图 A02-63

◆ Motion Blur（动态模糊）：调整运动模糊的效果，如图 A02-64 所示。

图 A02-64

◆ Random Seed（随机变化）：增加失真的随机变化效果。

◆ Blend on Top（混合）：选中该复选框时可显示主体，取消选中时则隐藏主体，如图 A02-65 所示。

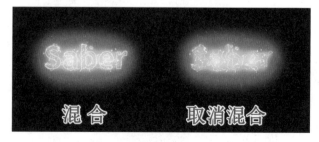

图 A02-65

A02.6 Glow Settings（辉光设置）

辉光设置可以对 Saber 效果进行更加细致的调整。Glow Settings（辉光设置）包含 Glow Intensity Multiplier（辉光强度倍增）、Glow Size Multiplier（辉光大小倍增）、Glow Pre Gamma（辉光伽马）、Glow 1 Intensity（辉光强度 1）、Glow 1 Size（辉光大小 1）、Glow 2 Intensity（辉光强度 2）、Glow 2 Size（辉光大小 2）、Glow 4 Intensity（辉光强度 4）和 Glow 4 Size（辉光大小 4），如图 A02-66 所示。其中各选项的具体介绍如下。

∨ Glow Settings	
〉 ⏱ Glow Intensity Multiplier	67.64
〉 ⏱ Glow Size Multiplier	3.07
〉 ⏱ Glow Pre Gamma	1.00
〉 ⏱ Glow 1 Intensity	2.13
〉 ⏱ Glow 1 Size	60.00
〉 ⏱ Glow 2 Intensity	0.86
〉 ⏱ Glow 2 Size	19.90
〉 ⏱ Glow 3 Intensity	0.37
〉 ⏱ Glow 3 Size	8.00
〉 ⏱ Glow 4 Intensity	0.16
〉 ⏱ Glow 4 Size	2.90

图 A02-66

◆ Glow Intensity Multiplier（辉光强度倍增）：调整辉光的强弱程度，如图 A02-67 所示。

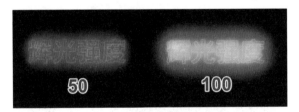

图 A02-67

◆ Glow Size Multiplier（辉光大小倍增）：调整辉光的大小范围，参数越大则光越分散，如图 A02-68 所示。

图 A02-68

◆ Glow Pre Gamma（辉光伽马）：调节辉光像素内的光亮程度。

◆ Glow 1 Intensity（辉光强度 1）：调节整体辉光的强度，如图 A02-69 所示。

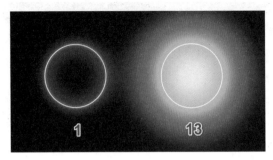

图 A02-69

◆ Glow 1 Size（辉光大小 1）：调节整体辉光的大小，如图 A02-70 所示。

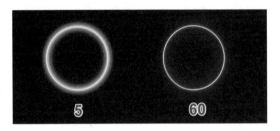

图 A02-70

◆ Glow 2 Intensity（辉光强度 2）：调节主体发光的强度，与 Glow 3 Intensity（辉光强度 3）效果一致，如图 A02-71 所示。

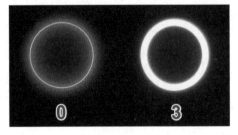

图 A02-71

◆ Glow 2 Size（辉光大小 2）：调节主体发光的大小，与 Glow 3 Size（辉光大小 3）效果一致，如图 A02-72 所示。

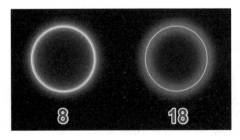

图 A02-72

◆ Glow 4 Intensity（辉光强度 4）：调节主体失真发光的强度，如图 A02-73 所示。

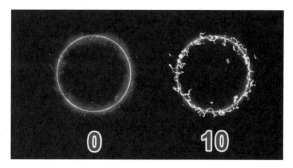

图 A02-73

◆ Glow 4 Size（辉光大小 4）：调节主体失真的大小，如图 A02-74 所示。

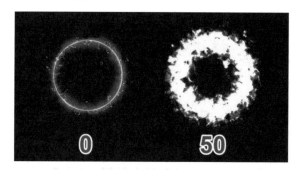

图 A02-74

A02.7　Render Settings（渲染设置）

渲染设置可以调整最终成片的渲染输出效果。Render Settings（渲染设置）包括 Motion Blur（动态模糊）、Gamma（伽马）、Brightness（亮度）、Saturation（饱和度）、Alpha Boost（Alpha 增加）、Composite Settings（合成设置）、Alpha Mode（Alpha 模式）、Invert Masks（反转遮罩）和 Use Text Alpha（使用文字遮罩），如图 A02-75 所示。其中各选项的具体介绍如下。

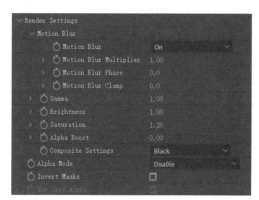

图 A02-75

◆ Motion Blur（动态模糊）：包括 On（开）、Off（关）和 Composition（合成默认），当选择【On（开）】选项时可调整 Motion Blur Multiplier（动态模糊倍增）、Motion Blur Phase（动态模糊定相）和 Motion Blur Clamp（动态模糊固定）参数，如图 A02-76 所示。

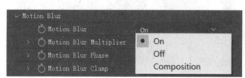

图 A02-76

◆ Gamma（伽马）：调节单位像素内的光亮程度，如图 A02-77 所示。

图 A02-77

◆ Brightness（亮度）：调节整体效果的亮度，如图 A02-78 所示。

图 A02-78

◆ Saturation（饱和度）：调节整体效果的色彩饱和度，如图 A02-79 所示。

图 A02-79

◆ Alpha Boost（Alpha 增加）：增强 Alpha 边缘效果，如图 A02-80 所示。

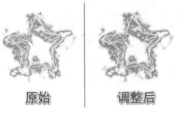

图 A02-80

◆ Composite Settings（合成设置）：包括 Transparent（透明）、Black（黑色）和 Add（叠加），如图 A02-81 所示，效果对比如图 A02-82 所示。

图 A02-81

图 A02-82

◆ Alpha Mode（Alpha 模式）：应用于遮罩和文字图层，包括 Enable Masks（启用遮罩）、Mask Core（遮罩核心）、Mask Glow（遮罩辉光）和 Disable（关闭），如图 A02-83 所示，效果对比如图 A02-84 所示。

图 A02-83

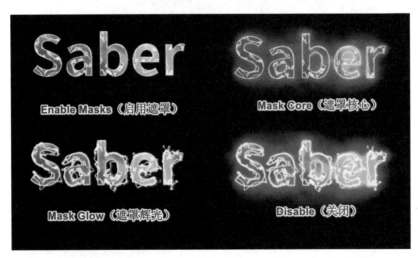

图 A02-84

◆ Invert Masks（反转遮罩）：当【Alpha Mode（Alpha 模式）】设置为【Enable Masks（启用遮罩）】时，选中该复选框后效果将反转，如图 A02-85 所示。

◆ Use Text Alpha（使用文字遮罩）：使用文字作为遮罩，当【Alpha Mode（Alpha 模式）】设置为【Enable Masks（启用遮罩）】时，选中该复选框后只有文字部分显示，如图 A02-86 所示。

图 A02-85

图 A02-86

A02.8　实例练习——魔法阵案例

　　通过对 Saber 效果的学习，使用自定义主体绘制蒙版制作魔法阵效果。根据自己的喜好为蒙版添加预设，使用关键帧制作动画。本实例的最终效果如图 A02-87 所示。

图 A02-87

操作步骤

01 新建项目，在【项目】面板中导入视频素材"摩天轮 .mp4"，使用素材创建合成；为了使"魔法阵"效果更加明显，选中图层 #1 "摩天轮"执行【效果】-【颜色校正】-【曲线】菜单命令，在【效果控件】中调整曲线把画面压暗，以突出后续"魔法阵"，如图 A02-88 所示。

图 A02-88

02 下面制作"魔法阵"效果。新建纯色图层并将其命名为"外圆"。选中图层 #1 "外圆"执行【效果】-【Video Copilot】-【Saber】菜单命令；在【效果控件】中选择【Customize Core（自定义主体）】-【Core Type（主体类型）】为【Layer Masks（遮罩图层）】，为了方便绘制，调整【Render Settings（渲染设置）】-【Composite Settings（合成设置）】为【Transparent（透明）】，选中图层绘制圆形蒙版，如图 A02-89 所示，制作"魔法阵"的外圆，效果如图 A02-90 所示。

	1	外圆		正常	
蒙版					
>	蒙版 1		相加		反转

图 A02-89

03 在【效果控件】中调整【Preset（预设）】为【Wormhole】；调整【Glow Color（辉光颜色）】色值为 #EB9D62，使整体发光颜色为橙黄色，如图 A02-91 所示。

04 新建纯色图层并将其命名为"五角星"。根据上述步骤，选中图层 #1 "五角星"绘制蒙版五角星，调整【Preset（预设）】为【Hot】，如图 A02-92 所示。

图 A02-90

图 A02-91

图 A02-92

05 新建纯色图层并将其命名为"内圆 1"。根据上述步骤，选中图层 #1 "内圆 1"绘制五角星间隔的圆环蒙版，调整【Preset（预设）】为【Portal】，调整【Glow Color（辉光颜色）】色值，使整体发光颜色为橙黄色，如图 A02-93 所示。

图 A02-93

06 选中图层 #1 "内圆 1" 按 Ctrl+D 快捷键复制 4 次，为了方便区分，将其重命名；调整【位置】参数，如图 A02-94 所示，效果如图 A02-95 所示。

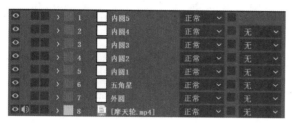

图 A02-94

图 A02-95

07 现在 "魔法阵" 图案制作完成，接下来制作动画效果，选择图层在【效果控件】中添加【Customize Core（自定义主体）】-【End Offset（结束偏移）】关键帧，制作动画时 "外圆" 与 "五角星" 持续时间一致，当出现 "五角星" 一角时制作 "内圆" 出场动画，如图 A02-96 所示。

图 A02-96

08 至此，光效魔法阵制作完成，单击 ▶ 按钮或按空格键，查看制作效果。

A02.9　综合案例——霓虹灯文字案例

小森是一名 AE 特效师，一天公司要求他制作一个霓虹灯文字特效视频来进行宣传。

本案例的最终效果如图 A02-97 所示。

图 A02-97

制作思路

① 创建 "清大文森学堂" 文本，使用 Saber 效果自定义文本。

② 制作蓝色和粉色相加的霓虹灯文字。

③ 创建关键帧制作霓虹灯文字出现动画。

④ 使用失真效果制作文字消散动画。

操作步骤

01 新建项目。新建合成命名为"霓虹灯文字"。新建文本层并将其命名为"清大文森学堂";新建纯色图层并将其命名为"霓虹灯蓝"。把图层 #2"清大文森学堂"可视化属性关闭,选中图层 #1"霓虹灯蓝"执行【效果】-【Video Copilot】-【Saber】菜单命令,在【效果控件】中调整【Customize Core(自定义主体)】-【Core Type(主体类型)】为【Text Layer(文字图层)】;选择【Preset(预设)】为【Patronus】;调整【Glow Color(辉光颜色)】和【Glow Intensity(辉光强度)】属性参数,如图 A02-98 所示。

图 A02-98

02 选中图层 #1"霓虹灯蓝"按 Ctrl+D 快捷键复制一层,并重命名为"霓虹灯粉";在【效果控件】中调整【Render Settings(渲染设置)】-【Composite Settings(合成设置)】为【Transparent(透明)】;调整【Glow Color(辉光颜色)】为粉色;添加【Start Offset(开始偏移)】关键帧制作出场动效;选中图层 #2"霓虹灯蓝"添加【End Offset(结束偏移)】关键帧,调整【Mask Evolution(遮罩演变)】属性参数制作交错效果,如图 A02-99 所示。

图 A02-99

03 全选图层 #1～图层 #3 后单击鼠标右键,在弹出的快捷菜单中选择【预合成】选项,命名为"文字",选择【将所有属性移动到新合成】。选中图层 #1"文字"按 Ctrl+D 快捷键复制一层,重命名为"投影",单击鼠标右键,在弹出的快捷菜单中执行【变换】-【垂直翻转】菜单命令,选中图层 #1"投影"执行【效果】-【模糊和锐化】-【快速方框模糊】菜单命令,在【效果控件】中调整参数使投影模糊,降低【不透明度】属性参数,如图 A02-100 所示。

图 A02-100

04 接下来丰富画面。在【项目】面板中导入图片素材"大理石 .jpg",把图片素材拖曳到时间线上,开启三维开关,将"大理石 .jpg"置于"投影"处;选中图层 #2"投影"将【轨道遮罩】调整为【亮度翻转遮罩"大理石 .jpg"】,使投影应用在大理石地面上,如图 A02-101 所示。

图 A02-101

05 新建纯色图层将其命名为"背景光",并置于图层 #3"文字"下方,执行【效果】-【生成】-【CC Light Sweep】菜单命令,在【效果控件】中调整参数及颜色,如图 A02-102 所示。

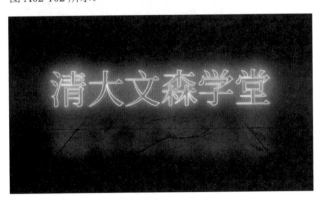

图 A02-102

06 双击打开"文字"合成,选中图层 #1"霓虹灯粉",拖曳指针至所需结束处,添加【Glow Distortion(辉光失真)】-【Distortion Amount(失真强度)】关键帧,调整【Distortion Type(失真类型)】为【Smoke(烟雾)】;添加【Core Distortion(主体失真)】-【Distortion Amount(失真强度)】关键帧,调整【Distortion Type(失真类型)】为【Fluid(流体)】取消选中【Blend on Top(混合)】复选框。为了使文字彻底消散,添加【Core Size(主体大小)】关键帧,如图 A02-103 所示。

图 A02-103

07 选中图层 #2"霓虹灯蓝",根据上述步骤制作文字消散效果；丰富画面变换，制作时根据画面调整属性参数和关键帧位置，如图 A02-104 所示。

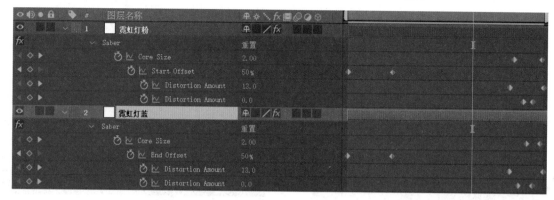

图 A02-104

08 选择"霓虹灯文字"合成，选中图层 #4 "背景光"，在文字出场和结尾处添加【不透明度】关键帧。至此，霓虹灯文字制作完成，单击 ▶ 按钮或按空格键，查看制作效果。

总结

本课讲解了如何使用 Saber 激光描边特效插件，在学习了相关基础知识后，通过练习游戏手柄广告案例掌握基础设置和自定义主体的应用，并通过练习魔法阵案例和综合案例霓虹灯文字巩固失真效果设置知识。

AutoFill 是 After Effects 中的一个革命性新插件，可以流畅地填充图层的边界。自动为形状或图像创建填充动画，快速渲染且易于使用，只需应用自动填充，设置增长起点，即可完成生长动画，从而节省了烦琐创建蒙版和关键帧的时间，如图 A03-1 所示。

图 A03-1

A03.1 效果控件

AutoFill 自动生长插件的原理是将图层或图像的透明度作为自动生长和填充的方向。执行【效果】-【Plugin Everything】-【AutoFill】菜单命令，在【效果控件】中调整自动填充生长动画，如图 A03-2 所示。下面具体讲解 AutoFill 的效果。

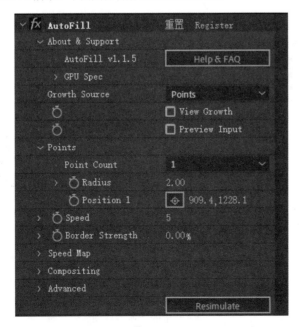

图 A03-2

小森： "老师，为什么AutoFill效果有一个黄色警示图标？"

　　由于 AutoFill 自动填充插件与 After Effects 2022 及更高版本的 MFR（多帧渲染）不兼容，因此使用时应执行【编辑】—【首选项】—【内存与性能】菜单命令，取消选中【启用多帧渲染】复选框，如图 A03-3 所示。

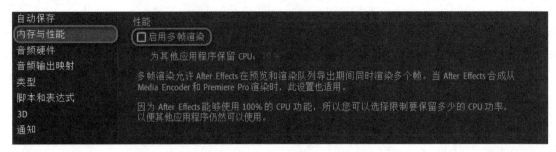

图 A03-3

1．Growth Source（生长来源）

　　自动填充生长动画需要设置生长来源，根据来源进行生长，下面将具体讲解 Growth Source（生长来源）、View Growth（查看生长）和 Preview Input（预览输入），如图 A03-4 所示。其中各选项的具体介绍如下。

图 A03-4

◆ Growth Source（生长来源）：可以选择 Points（点）、Noise（噪波）和 Layer（图层），如图 A03-5 所示。

图 A03-5

○ Points（点）：把"点"的位置放置在图层或图像的不透明区域，以"点"作为自动生长和填充的方向，由中心呈圆形向外扩展填充；可以在【查看器】面板中调整"点"的位置，如图 A03-6 所示。

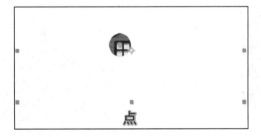

图 A03-6

○ Noise（噪波）：基于 After Effects 内的【分形杂色】效果生成黑白杂色图，将图片的白色区域作为自动生长和填充的方向，从而形成多个点的随机生长，如图 A03-7 所示。

图 A03-7

○ Layer（图层）：通过基于图层的 Alpha 通道或亮度通道的白色区域来决定生长；可以在图层上应用效果或者蒙版，从而自定义自动生长的方向，如图 A03-8 所示。

图 A03-8

◆ View Growth（查看生长）：查看生长来源在图层或图像的分布，如图 A03-9 所示。
◆ Preview Input（预览输入）：把原始的图层或图像以半透明模式在动画下方展现，如图 A03-10 所示，图上红色圈出的区域为自动生长效果，图上其余半透明的区域就是图像的预览输入，方便观察当前动画生成的位置及效果。

图 A03-9

图 A03-10

2. 调整生长来源细节

当选择生长来源后，下方的生长来源设置会随之更改；接下来对 Points（点）、Noise（噪波）和 Layer（图层）设置逐一进行讲解。

◆ Points（点）

Points（点）包含 Point Count（点数）、Radius（半径）和 Position 1（位置1），如图 A03-11 所示。其中各选项的具体介绍如下。

图 A03-11

◆ Point Count（点数）：可以根据自己所需设置生长"点"的数量，如图 A03-12 所示，最多可以设置 5 个生长"点"，效果如图 A03-13 所示。

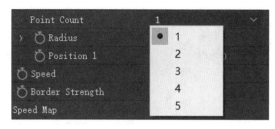

图 A03-12

图 A03-13

◆ Radius（半径）：设置生长"点"的圆形扩展的半径，半径越大则填充时间越短，如图 A03-14 所示。

图 A03-14

◆ Position 1（位置1）：可以自定义"点"的位置，跟随【Point Count（点数）】设置进行变化，例如，如果设置了 5 个生长"点"，那么会对应出现 5 个位置调节。

◆ Noise（噪波）

Noise（噪波）(效果见图 A03-15）包含 Duration (Frames)［持续时间（帧）］、Complexity（复杂度）、Evolution（演化）、Scale（大小）、Offset Horizontal（水平偏移）和 Offset Vertical（垂直偏移），如图 A03-16 所示。其中各选项的具体介绍如下。

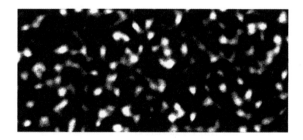

图 A03-15

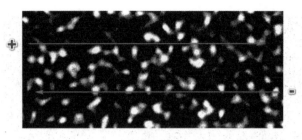

图 A03-16

图 A03-19

◆ Duration(Frames)［持续时间（帧）］：噪波的白色区域填充过程的持续时间。

◆ Complexity（复杂度）：调整噪波的深度和细节，参数越大则细节越丰富，如图 A03-17 所示。

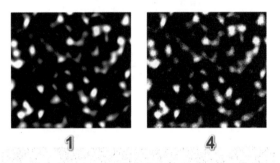

图 A03-17

◆ Evolution（演化）：调整噪波内部变换。使用时添加关键帧动画，在一定时间内演化参数越大，则内部变换越强烈。

◆ Scale（大小）：调整噪波出现时的基础大小。噪波变大，则白色区域填充时间相应缩短，如图 A03-18 所示。

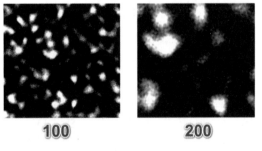

图 A03-18

◆ Offset Horizontal（水平偏移）：噪波在水平方向上左右偏移。例如，水平偏移 100 是指噪波杂色图向右偏移 100；水平偏移 –100 就是指噪波杂色图向左偏移 100。如图 A03-19 所示，参数为正数时向右偏移，参数为负数时向左偏移。

◆ Offset Vertical（垂直偏移）：噪波在垂直方向上下偏移。例如，垂直偏移 100 是指噪波杂色图向下偏移 100；垂直偏移 –100 就是指噪波杂色图向上偏移 100。如图 A03-20 所示，参数为正数时向下偏移，参数为负数时向上偏移。

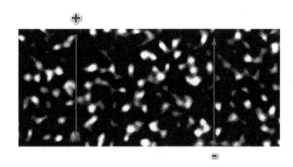

图 A03-20

◆ **Layer（图层）**

Layer（图层）包含 Source Layer（源图层）和 Channel（通道），如图 A03-21 所示。其中各选项的具体介绍如下。

图 A03-21

◆ Source Layer（源图层）：可以自定义图层的源素材、蒙版和效果，从而自由地设置自动生长动画的起始方式。

◆ Channel（通道）：通道有【Alpha】和【Luma（亮度）】两种。当选择【Alpha】选项时，将生长源图层的不透明部分作为填充部分；当选择【Luma（亮度）】选项时，将生长源图层的亮度信息作为填充部分。

接下来通过一个实例介绍 Layer（图层）为 Alpha 通道案例的制作。

操作步骤

01 新建一个项目，导入本课提供的图片素材"房子 .png"，使用图片创建合成，执行【效果】-【Plugin Everything】-【AutoFill】菜单命令，如图 A03-22 所示。

02 选中图层 #1 "房子"按 Ctrl+D 快捷键进行复制，为了更好地区分图层，将其命名为"生长来源房子"；选中图层 #1 "生长来源房子"执行【效果】-【抠像】-【线性颜色键】菜单命令，使用吸管工具在【查看器】窗口中把红色区域去除，如图 A03-23 所示。

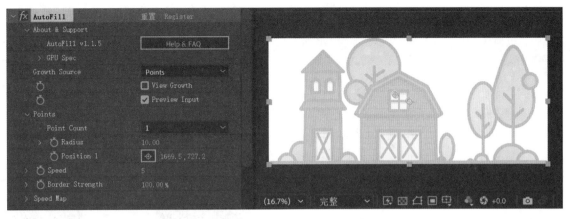

图 A03-22

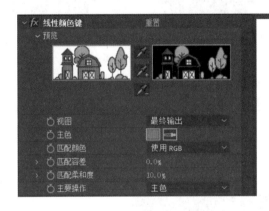

图 A03-23

03 选中图层 #2 "房子"，在【效果控件】面板中调整【Layer（图层）】-【Source Layer（源图层）】为【1. 生长来源房子】；选择【效果和蒙版】选项，调整【Channel（通道）】为【Alpha】，如图 A03-24 所示。

图 A03-24

04 案例制作完成，单击▶按钮或按空格键，查看房子不透明部分填充效果，如图 A03-25 所示。

图 A03-25

3．Speed（速度）

速度属性可以调整动画生成速度的快慢，如图 A03-26 所示，同样的生成时间，【Speed（速度）】参数为 5 的图像扩展程度明显小于参数为 100 的，所以速度越快，填充动画所需时间越短。

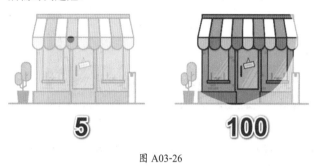

图 A03-26

4．Border Strength（边界强度）

边界是透明与非透明像素的交界处，当【Border Strength（边界强度）】参数为 100% 时，动画遇到透明像素会停止扩展填充，只填充图像连接部分；把【Border Strength（边界强度）】参数降低，会削弱透明与非透明像素的边界，动画遇到透明像素时也可扩展填充，如图 A03-27 所示。

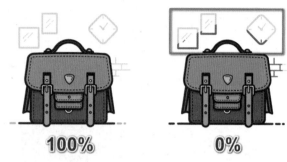

图 A03-27

5．Compositing（合成）

Compositing（合成）包含 Ignore Previous Effects（忽略以前的效果）、Alpha Inverted Matte（翻转 Alpha 遮罩）、Color Fill（颜色填充）、Composite Over Original（合成混合模式）、View Border（查看边界）、Border Expand（边界扩展）和 Delay(Frames)［延迟（帧）］，如图 A03-28 所示。其中各选项的具体介绍如下。

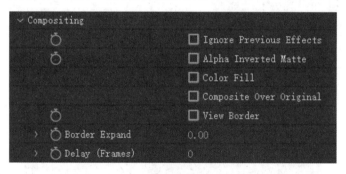

图 A03-28

◆ Ignore Previous Effects（忽略以前的效果）：忽略此效果上应用的其余效果，只应用此效果。如图 A03-29 所示，左侧为应用的【填充】效果，右侧为选中该复选框的效果，可以观察到忽略了【填充】效果，只展示原始图像。

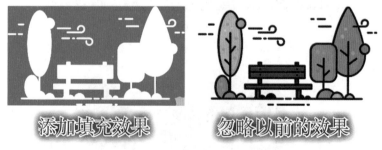

图 A03-29

◆ Alpha Inverted Matte（翻转 Alpha 遮罩）：把图像的 Alpha 区域进行翻转，原本的不透明区域会转换为透明区域，如图 A03-30 所示。

图 A03-30

◆ Color Fill（颜色填充）：在动画上填充颜色，选中该复选框时可以自定义填充颜色，如图 A03-31 所示，效果如图 A03-32 所示。

图 A03-31

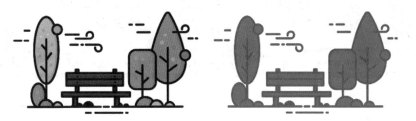

图 A03-32

◆ Composite Over Original（合成混合模式）：选中该复选框后，可以在下方设置【Blend Mode（混合模式）】，具体包括 Normal（无）、Multiply（相乘）、Color Burn（颜色加深）、Add（相加）、Screen（滤色）、Overlay（叠加）、Soft Light（柔光）、Color（颜色）、Stencil Alpha（模板 Alpha）、Stencil Luma（模板亮度）、Silhouette Alpha（轮廓 Alpha）和 Silhouette Luma（轮廓亮度），如图 A03-33 所示，效果对比如图 A03-34 所示。

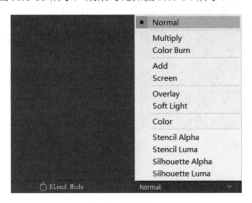

图 A03-33

图 A03-34

◆ View Border（查看边界）：查看透明与非透明像素的交界。如图 A03-35 所示，左侧为原始图像，右侧为图像的边界。

图 A03-35

◆ Border Expand（边界扩展）：扩展透明与非透明像素的交界处。如图 A03-36 所示，左侧为默认的参数 0，右侧将【Border Expand（边界扩展）】参数调整为 10，可以观察到边界范围有所扩大。

图 A03-36

◆ Delay(Frames)［延迟（帧）］：以秒为单位延迟填充动画的开始时间。例如，使用【Ignore Previous Effects（忽略以前的效果）】【Color Fill（颜色填充）】【Composite Over Original（合成混合模式）】【Delay（Frames）［延迟（帧）］】效果，可以制作出填充颜色交错出现的效果，如图 A03-37 所示。

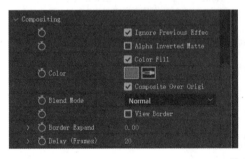

图 A03-37

6．Advanced（高级）

Advanced（高级）包含 Blur Radius（模糊半径）、Exposure（曝光）和 Gama（伽马），如图 A03-38 所示。其中各选项的具体介绍如下。

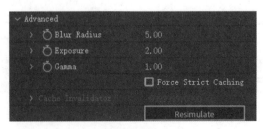

图 A03-38

- Blur Radius（模糊半径）：调整模糊参数，把图像边缘羽化，使边缘处更加圆滑，如图 A03-39 所示。
- Exposure（曝光）：调整图形整体曝光程度。
- Gama（伽马）：伽马与【Exposure（曝光）】属性相反，影响生长速度，使其减缓生长。

7．Resimulate（重新模拟）

当改变了生长来源或者调节效果后，单击【Resimulate（重新模拟）】按钮可以重新模拟动画效果。

图 A03-39

A03.2　Speed Map（速度贴图）

速度贴图可以控制动画填充速度和丰富填充细节。Speed Map（速度贴图）包含 Mode（模式）、Map Softness（贴图柔和度）、Map Erode（贴图削弱）、Speed Map Influence（速度贴图影响）和 View Speed Map（查看速度贴图），如图 A03-40 所示。其中各选项的具体介绍如下。

图 A03-40

- Mode（模式）：可以选择 None（无）、Auto（自动）和 Custom Layer（自定义图层）；默认情况下是 Auto（自动），如图 A03-41 所示。其中各选项的具体介绍如下。

图 A03-41

- None（无）：系统会使用没有黑白区分的白色的速度贴图进行匀速填充，如图 A03-42 所示。

图 A03-42

- Auto（自动）：根据图像亮度通道的黑白关系来控制速度，如图 A03-43 所示。

图 A03-43

- Custom Layer（自定义图层）：可以自定义速度贴图，使用【Alpha】通道或【Luma（亮度）】通道控制动画不同区域的填充速度。

接下来通过一个实例介绍 Speed Map（速度贴图）为 Custom Layer（自定义图层）案例的制作。

操作步骤

01　新建一个项目，导入本课提供的图片素材"狼 .png"，使用图片创建合成，执行【效果】-【Plugin Everything】-【AutoFill】菜单命令；选中图层 #1"狼"按 Ctrl+D 快捷键进行复制，执行【效果】-【颜色校正】-【色调】菜单命令，如图 A03-44 所示，将原始的彩色图片调整为黑白图片，如图 A03-45 所示。

图 A03-44

02　使黑白区分更加明显，执行【效果】-【颜色校正】-【色阶】菜单命令，在【效果控件】中调整【直方图】使黑色区域更黑、白色区域更亮；选中图层 #1 关闭图层可视化属性，如图 A03-46 所示，效果对比如图 A03-47 所示。

原始　　　　　色调

图 A03-45

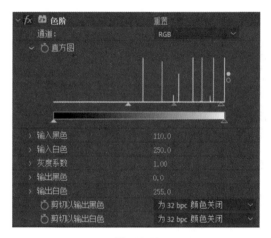

图 A03-46

色调　　　　　色阶

图 A03-47

03 选中图层 #2，在【效果控件】面板中设置【Speed Map（速度贴图）】-【Mode（模式）】为【Custom Layer（自定义图层）】，设置【Layer（图层）】为【1. 狼 .png】应用【效果和蒙版】，设置【Channel（通道）】为【Luma（亮度）】，根据贴图的黑白信息影响填充动画速度，如图 A03-48 所示。

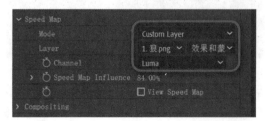

图 A03-48

04 单击 ▶ 按钮或按空格键，查看自定义速度贴图的填充效果，可以观察到区域越亮，填充动画越快，反之则越慢，如图 A03-49 所示。

图 A03-49

◆ Map Softness（贴图柔和度）：影响速度贴图边缘的柔和度，数值越大则边缘越圆滑，如图 A03-50 所示。

原始　　　　　贴图柔和度

图 A03-50

◆ Map Erode（贴图削弱）：影响速度贴图的亮部区域大小，扩展速度贴图的暗部区域，使亮度区域变小，贴图所削弱的部分速度变慢，如图 A03-51 所示。

原始　　　　　贴图削弱

图 A03-51

◆ Speed Map Influence（速度贴图影响）：控制速度贴图对自动生长动画的速度影响程度，如图 A03-52 所示。

100　　　　　500

图 A03-52

◆ View Speed Map（查看速度贴图）：选中该复选框可以显示当前速度贴图，如图 A03-53 所示。

图 A03-53

A03.3　实例练习——手绘徽标案例

使用 Midjourney 生成 LOGO 徽标，使用 AutoFill 效果制作徽标出场动画，本实例的最终效果如图 A03-54 所示。

图 A03-54

操作步骤

01 使用人工智能 Midjourney 制作图片，在对话框中输入"/"并单击常用指令"/imagine"，如图 A03-55 所示。在 Prompt 对话框中输入提示词"LOGO"（徽标），如图 A03-56 所示。等待人工智能生成 LOGO 徽标图片，如图 A03-57 所示。

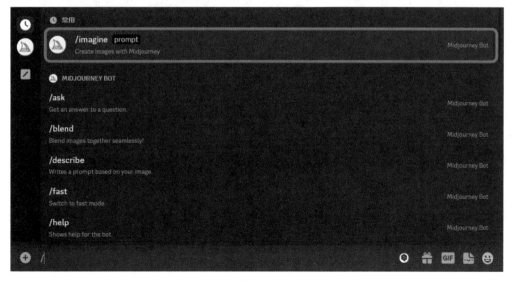

图 A03-55

图 A03-56

图 A03-58 所示。

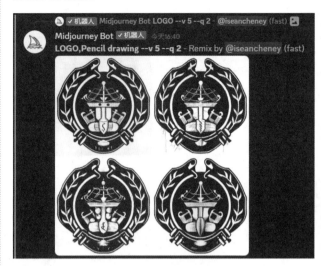

图 A03-58

图 A03-57

02 左下方所生成的徽标较为符合手绘徽标，单击【V3】按钮对所选图像进行进一步变化，在弹出的对话框中输入提示词 "Pencil drawing"（铅笔画）；使其在左下方图像的基础上，生成构图与所选图像相似的铅笔画风格，如

03 接下来单击【V3】按钮对所选图像进行进一步变化，在弹出的对话框中输入提示词 "hollow out background"（镂空背景），使其在左下方图像的基础上，生成构图与所选图像相似的铅笔画风格的镂空背景，如图 A03-59 所示。

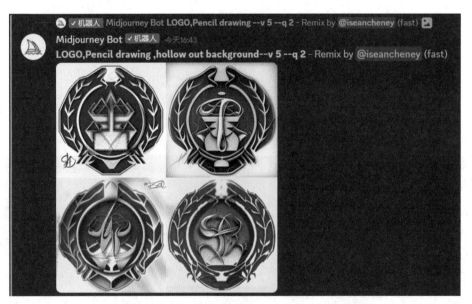

图 A03-59

04 所生成的右上方图像达到了预期，可以根据自己喜好单击【V】按钮对所选图像进行进一步变化；当生成合适的徽标后单击【U】按钮，放大图像添加更多细节并保存徽标，如图 A03-60 所示。

05 由于制作生长动画的原理是将图层或图像的透明度作为自动生长和填充的方向，因此我们使用人工智能 ClipDrop 将背景删除。把图片导入网页内，等待人工智能算法删除照片的背景，如图 A03-61 所示。

图 A03-60

图 A03-61

06 使用 AE 软件制作动画。新建项目，在【项目】面板中导入图片素材"手绘图标 .png"和"牛皮纸 .png"。新建合成，将素材拖曳至合成中，选中图层 #1"手绘图标"执行【效果】-【Plugin Everything】-【AutoFill】菜单命令，效果如图 A03-62 所示。

图 A03-62

07 创建速度贴图，选中图层 #1"手绘图标"按 Ctrl+D快捷键进行复制并重命名为"速度贴图"；选中图层 #1"速度贴图"将【AutoFill】效果删除，执行【效果】-【颜色校正】-【色调】菜单命令，在【效果控件】中单击【交换颜色】按钮，将徽标变为黑白效果；为了使黑白对比明显，执行【效果】-【颜色校正】-【色阶】菜单命令，选中图层 #1"速度贴图"关闭图层可视化属性，效果如图 A03-63所示。

图 A03-63

08 在【效果控件】中调整【Points（点）】-【Point Count（点数）】为 3；调整【Position（位置）】参数，设置生长"点"的位置。在【效果控件】中设置【Speed Map（速度贴图）】-【Mode（模式）】为【Custom Layer（自定义图层）】，设置【Layer（图层）】为【1.速度贴图】应用【效果和蒙版】，效果如图 A03-64 所示。

图 A03-64

09 使生长动画更加丰富。调整【Speed Map Influence（速度贴图影响）】参数，控制速度贴图对自动生长动画的速度影响程度；将【混合模式】调整为【相乘】，使徽章与背景更加贴合，执行【效果】-【颜色校正】-【曲线】菜单命令，效果如图 A03-65 所示。

图 A03-65

10 至此，手绘徽标制作完成，单击 ▶ 按钮或按空格键，查看制作效果。

A03.4 实例练习——花卉生长案例

通过对 AutoFill 效果的学习，使用自定义速度贴图控制动画填充速度和丰富填充细节，根据自己的喜好生长动画添加效果。本实例的最终效果如图 A03-66 所示。

图 A03-66

操作步骤

01 新建项目，在【项目】面板中导入图片素材"花束 .png"和"牛皮纸 .png"，使用素材"花束 .png"创建合成；选中图层 #1"花束"执行【效果】-【Plugin Everything】-【AutoFill】菜单命令，制作从底部向上生长的动画，在【效果控件】中设置【Growth Source（生长来源）】为【Points（点）】，调整【Position 1（位置 1）】参数，设置生长"点"的位置，花束的根部如图 A03-67 所示。

图 A03-67

02 创建速度贴图，选中图层 #1"花束"按 Ctrl+D 快捷键进行复制并重命名为"速度贴图"；选中图层 #1"速度贴图"将【AutoFill】效果删除；为了将彩色花束变为黑白效果，执行【效果】-【颜色校正】-【色调】菜单命令，在【效果控件】中单击【交换颜色】按钮将黑白贴图互换；为了使黑白对比明显，执行【效果】-【颜色校正】-【色阶】菜单命令，在【效果控件】中调整【输入黑色】参数为 78，如图 A03-68 所示，效果对比如图 A03-69 所示。

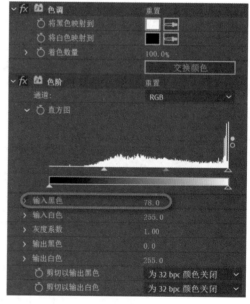

图 A03-68

03 使黑白效果更加强烈。选中【色阶】效果按 Ctrl+D 快捷键进行复制；在【效果控件】中调整【输入黑色】参数为 84，调整【灰色系数】参数为 2，调整【输出白色】参数为 230，如图 A03-70 所示，效果对比如图 A03-71 所示。

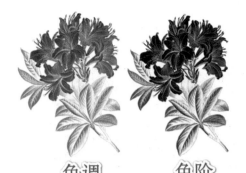

色调　　　　色阶

图 A03-69

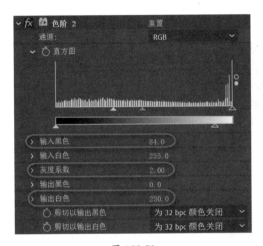

图 A03-70

（模式）】为【Custom Layer（自定义图层）】；设置【Layer（图层）】为【1.速度贴图】应用【效果和蒙版】；设置【Channel（通道）】为【Luma（亮度）】，使其根据贴图的亮度信息调节动画速度，如图 A03-72 所示；选中图层 #1 "速度贴图"关闭图层可视化属性。

色阶　　　　增强

图 A03-71

图 A03-72

05 使生长动画更加丰富。创建【Speed Map Influence（速度贴图影响）】关键帧，控制速度贴图对于自动生长动画的速度影响程度，使叶子部分影响明显；把指针拖曳至 2 秒 5 帧处，设置【Speed Map Influence（速度贴图影响）】参数为 300%，如图 A03-73 所示，效果如图 A03-74 所示。

04 选中图层 #2 "花束"应用制作完成的速度贴图，在【效果控件】中设置【Speed Map（速度贴图）】-【Mode

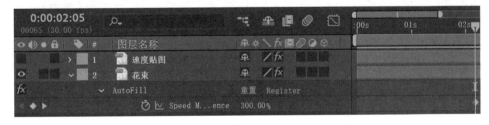

图 A03-73

图 A03-74

06 在 2 秒 10 帧处添加第二个【Speed Map Influence（速度贴图影响）】关键帧，参数为 85%；为了使叶子生长速度加快到花时速度变慢，在 2 秒 17 帧处添加第三个【Speed Map Influence（速度贴图影响）】关键帧，参数为 163%，如图 A03-75 所示，效果如图 A03-76 所示。

图 A03-75

图 A03-76

07 在 7 秒 16 帧处添加第四个【Speed Map Influence（速度贴图影响）】关键帧，参数不变，为接下来动画加速创建预备帧；在 7 秒 27 帧处添加第五个【Speed Map Influence（速度贴图影响）】关键帧，参数为 121%，如图 A03-77 所示。这样，一个基本的花束生长动画就制作完成了，效果如图 A03-78 所示。

图 A03-77

图 A03-78

08 接下来为其添加效果，丰富生长动画。取消选中【Preview Input（预览输入）】复选框，选中图层 #1 和图层 #2 创建预合成，并将其命名为"原始"；把素材"牛皮纸 .png"拖曳到时间线上，并置于合成最下方当作背景使用，如图 A03-79 所示。

图 A03-79

09 接下来制作花束的阴影。选中图层 #1"原始"按 Ctrl+D 快捷键进行复制，将其重命名为"阴影"，并置于"原始"图层下方；选中图层 #2"阴影"执行【效果】-【颜色校正】-【色调】菜单命令，在【效果控件】中调整【将白色映射到】色值为 #C0E5F6，可以根据喜好自定义色值。调整【位置】参数使其产生错落效果，如图 A03-80 所示。

图 A03-80

10 根据上述步骤制作花束与阴影间的过渡色，调整【将黑色映射到】色值为 #D8C361，调整【将白色映射到】色值为 #910100，也可以根据喜好自定义色值，效果如图 A03-81 所示。

图 A03-81

　　11 丰富背景创建网格。选中图层 #1 "原始" 按 Ctrl+D 快捷键进行复制并重命名为 "网格"，置于 "牛皮纸" 图层上方；选中图层 #4 "网格" 执行【效果】-【生成】-【网格】菜单命令，在【效果控件】中设置【大小依据】为【宽度和高度滑块】，可以根据喜好调节网格的【宽度】【高度】【边界】的属性参数，调整【混合模式】为【模板 Alpha】，这样网格就制作完成了。为了更改网格颜色，执行【效果】-【生成】-【填充】菜单命令，在【效果控件】中调整【颜色】色值为 #4C485D；调节【位置】和【缩放】属性，如图 A03-82 所示。

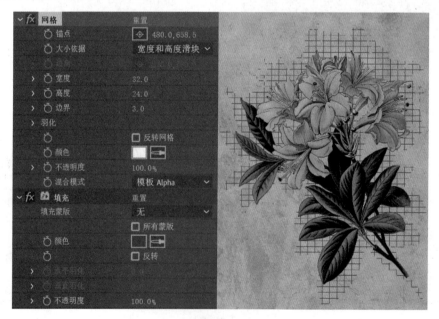

图 A03-82

　　12 最后调节图层的入点时间，如图 A03-83 所示。至此，花卉生成动画制作完成，单击 ▶ 按钮或按空格键，查看制作效果。

图 A03-83

A03.5　综合案例——LOGO 生长案例

公司接到了制作 LOGO 展示的项目，甲方要求小森通过动画形式，制作一个金光闪闪的 LOGO。小森通过使用 AutoFill 插件并配合 AE 自带的效果完成了设计，甲方很满意，老板给了小森一笔丰厚的项目奖金。

本案例的最终效果如图 A03-84 所示。

图 A03-84

制作思路

① 制作 LOGO 生长动画。

② 在完成的效果上丰富中间的过渡效果。

③ 使用轨道遮罩制作边缘，添加发光和光线效果。

④ 完善画面添加背景，根据 LOGO 生长添加背景光。

操作步骤

01 新建项目。在【项目】面板中导入图片素材"logo. png""金属 .jpg""折纸纹理 .jpg""纹理 .jpg"，使用图片素材"logo.png"创建合成；选中图层 #1 "logo"执行【效果】-【Plugin Everything】-【AutoFill】菜单命令，在【效果控件】中设置【Growth Source（生长来源）】为【Points（点）】，调整【Position 1（位置1）】参数，自定义生长"点"的位置，制作从中间向外发散生长的动画，效果如图 A03-85 所示。

02 使动画完整展现。在【效果控件】中调整【Border Strength（边界强度）】参数为 0%；调整【Points（点）】-【Radius（半径）】参数为 2，如图 A03-86 所示，效果如图 A03-87

所示。

图 A03-85

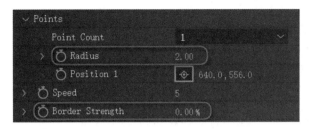

图 A03-86

图 A03-87

03 调节生长动画。在【效果控件】中调整【Speed Map（速度贴图）】-【Map Softness（贴图柔和度）】参数为 14，使边缘更加圆滑；接下来制作先描绘后填充外围的

动画效果，调整【Map Erode（贴图削弱）】参数为 4.5，效果如图 A03-88 所示。

图 A03-88

04 选中图层 #1 "logo" 按 Ctrl+D 快捷键进行复制，将素材 "纹理.jpg" 拖曳到时间线上，并置于合成最下方；为了方便观察，选中图层 #1 "logo" 关闭图层可视化属性；制作金属纹理，展开图层 #3 "纹理" 的轨道遮罩栏，选择【Alpha 遮罩 "logo.png"】选项，将图片 "纹理" 进行扩展，执行【效果】-【风格化】-【动态拼贴】菜单命令，创建【位置】关键帧，如图 A03-89 所示，制作动态效果，如图 A03-90 所示。

图 A03-89

图 A03-90

05 执行【效果】-【颜色校正】-【曲线】菜单命令，在【效果控件】中调整曲线以增强金属效果；选中图层 #2 和图层 #3 将其预合成并命名为 "金属"，为了增加层次变化，将图层 #2 "金属" 按 Ctrl+D 快捷键进行复制，分别制作暗色效果和亮色效果；暗色效果使用【色阶】效果将整体颜色压暗，亮色效果使用【曲线】效果进行调节；选中图层 #1 "logo" 使用【曲线】效果将整体画面提亮；调整图层的入点时间，如图 A03-91 所示，制作错落的效果，如图 A03-92 所示。

06 接下来制作原始 logo 与金属 logo 间的过渡效果。选中图层 #1 "logo" 按 Ctrl+D 快捷键复制两次；将图层 #1 "logo" 图层入点后移，展开图层 #2 "logo" 的轨道遮罩栏，选择【Alpha 反转遮罩 "logo.png"】选项，如图 A03-93 所示。制作只有生长边缘的效果，如图 A03-94 所示。

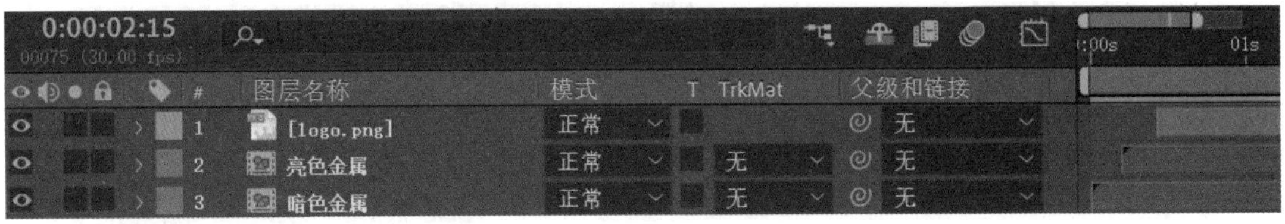

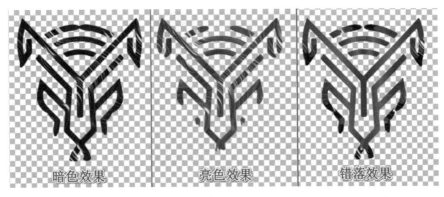

图 A03-91

图 A03-92

图 A03-93

图 A03-94

07 接下来制作发光边缘效果。选中图层 #1 和图层 #2 将其预合成并命名为"发光边缘",执行【效果】-【风格化】-【发光】菜单命令,在【效果控件】中设置【发光颜色】为【A 和 B 颜色】,调整【颜色 A】色值为 #FBE330,调整【颜色 B】色值为 #FFBF00;调整【发光阈值】【发光半径】【发光强度】参数;为了丰富画面增强发光效果,在【效果控件】中选中【发光】效果进行复制,再适当调节参数以防过曝,把图层入点时间调整至金属 logo 和原始 logo 间,如图 A03-95 所示,效果如图 A03-96 所示。

图 A03-95

图 A03-96

08 选中图层 #1 "发光边缘" 按 Ctrl+D 快捷键进行复制，将下方图层重命名为 "发光边缘光线"，制作光线发散的效果；选择图层 #2 "发光边缘光线"，在【效果控件】中将【发光 2】效果关闭；执行【效果】-【生成】-【CC Light Burst 2.5】菜单命令，在【效果控件】中调整【Ray Length（光线长度）】参数增强光线发散范围，调整【Intensity（强度）】参数增强光线发散强度，效果如图 A03-97 所示。

图 A03-97

09 为了使主体 logo 更加丰富而增加光效。选中图层 #3 "logo" 按 Ctrl+D 快捷键进行复制，将素材 "金属 .jpg" 拖曳到时间线上，并置于图层 #4 上方；选择图层 #4 "金属"，设置【缩放】属性为 145%；创建【位置】关键帧，制作图片从左到右移动的效果，如图 A03-98 所示。

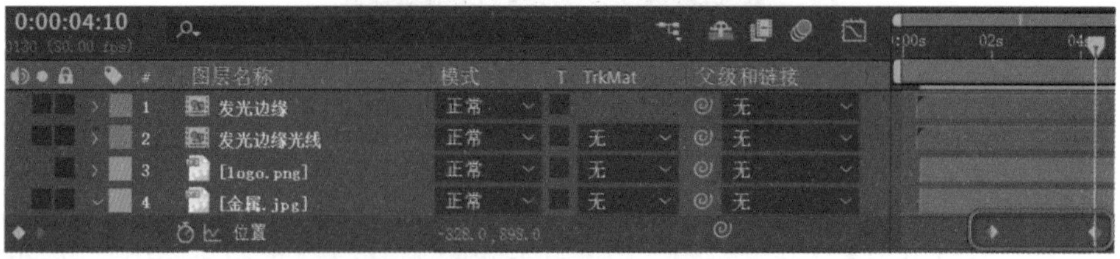

图 A03-98

10 为了方便观察，选中图层 #3 "logo" 关闭图层可视化属性，选择图层 #4 "金属" 使用【曲线】效果将整体画面提亮；由于该图层被当作光效使用，因此执行【效果】-【模糊】-【快速方块模糊效果】菜单命令，在【效果控件】中调整【模糊半径】参数使画面模糊；设置【混合模式】为【叠加】，调整【不透明度】参数为 40%，效果如图 A03-99 所示。

54

图 A03-99

⑪ 选中图层 #4 和图层 #5 将其预合成并命名为"光效";展开图层 #4"光效"的轨道遮罩栏,选择【Alpha 遮罩"logo. png"】选项,如图 A03-100 所示,只显示 logo 部分,效果如图 A03-101 所示。

图 A03-100

图 A03-101

⑫ 接下来制作背景,创建黑色纯色图层,置于合成最下方;把素材"折纸纹理 .jpg"拖曳到时间线上,置于纯色图层上方,设置【混合模式】为【点光】;根据自己所需调整【变化】属性参数,效果如图 A03-102 所示。

图 A03-102

13 为了丰富背景画面，将图层 #1 ～图层 #6 预合成并命名为"展示动画"，选中图层 #1"展示动画"按 Ctrl+D 快捷键进行复制，将下方图层重命名为"背景光效"；选中图层 #2"背景光效"添加【快速方块模糊】效果，根据自己所需在【效果控件】中调整【模糊半径】和【迭代】属性；创建【不透明度】关键帧，如图 A03-103 所示，制作结束时背景光削弱的效果，如图 A03-104 所示。

图 A03-103

图 A03-104

14 至此，LOGO 生长案例制作完成，单击▶按钮或按空格键，查看制作效果。

总结

本课讲解了如何使用 AutoFill 自动生长插件，该插件可以一键生成自动填充生长动画，是制作 MG 动画的好帮手，节省了大量烦琐的创建蒙版和关键帧的时间，可以更加高效快捷地完成案例制作。

 读书笔记

Projection 3D 脚本是基于 After Effects 中的摄像机和照片产生的视差动画，可以在 AE 软件中将静态的二维图片转换为带真实三维空间的摄像机动画，如图 A04-1 所示。

图 A04-1

A04.1　Projection 3D 面板

由于 Projection 3D 是一个脚本，因此具有单独的面板，如图 A04-2 所示。接下来具体讲解 Projection 3D 面板。

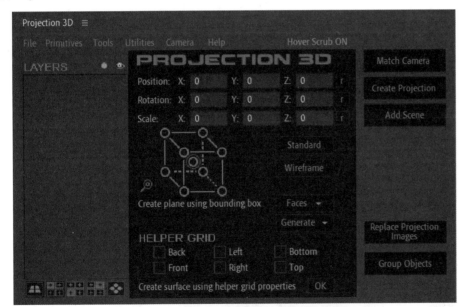

图 A04-2

◆ **LAYERS（图层）**：显示当前合成中的所有图层，可以单击如下按钮对图层进行可视化和独奏设置。

● 可视化：显示或隐藏合成中的图层，单击此按钮决定图层显示或隐藏。

● 独奏：隐藏所有非独奏图层，在预览和渲染中只包括当前图层，忽略未设置此开关的其他图层。

● 切换视图：调整摄像机角度视图，如图 A04-3 所示。

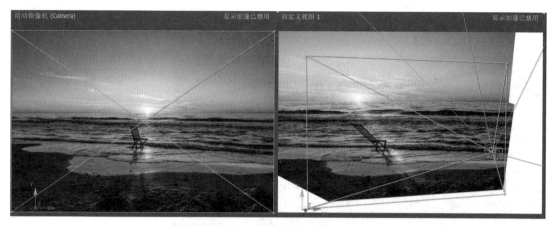

图 A04-3

◆ Position（位置）、Rotation（旋转）和 Scale（缩放）：面板中所显示的属性参数与【时间轴】面板中图层参数一致，便于观察调整设置时的参数变化，如图 A04-4 所示。

图 A04-4

◆ ■3D 锚点编辑器：单击【3D 锚点编辑器】中的圆点，更改图层的【锚点】位置，如图 A04-5 所示。

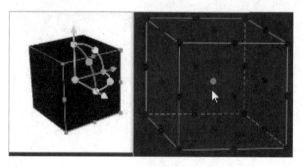

图 A04-5

◆ Standard（标准）和 Wireframe（线框）：设置图层的显示方式，具体来说，前者显示当前图层的原始效果；后者显示当前图层的边界线框。效果对比如图 A04-6 所示。

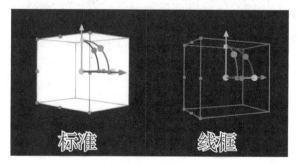

图 A04-6

◆ Match Camera（匹配摄像机）：调整匹配平面图片所对应的摄像机透视角度，如图 A04-7 所示，这是使用 Projection 3D 脚本的第一步。

图 A04-7

◆ Create Projection（创建投射）：选中图层"摄像机"和"图片"后单击【Create Projection（创建投射）】按钮，根据所需设置【Number of Scenes（场景数目）】，单击【OK】按钮即可创建投射合成，如图 A04-8 所示。设置数量参数为 2，单击【OK】按钮后便会创建两个场景合成，如图 A04-9 所示。

图 A04-8

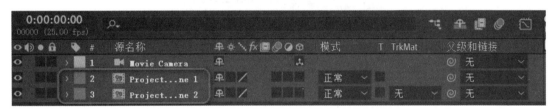

图 A04-9

◆ Add Scene（添加场景）：单击此按钮，会在原有的场景合成中添加一个新的投射合成，如图 A04-10 所示。

图 A04-10

◆ Replace Projection Images（替换投影）：把创建完成的合成进行图片替换，如图 A04-11 所示。将立方体的汽车图片替换成使用 Photoshop 扣出的单独汽车（见图 A04-12），这样在后续制作动画时会更加自然。

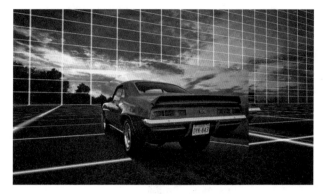

图 A04-11

图 A04-12

◆ Group Objects（组对象）：把图层进行组合，与 After Effects 中预合成同理。

◆ HELPER GRID（辅助网格）：包括 Back（背面）、Left（左面）、Bottom（底面）、Front（前面）、Right（右面）和 Top（顶面），如正方体的六个面。创建时选中【Back（背面）】复选框，如图 A04-13 所示，【合成查看器】面板中对应只会显示背面辅助网格，如图 A04-14 所示。

◆ Create surface using helper grid properties（使用辅助网格属性创建曲面）：当选中【HELPER GRID（辅助网格）】中的某个面的复选框后，单击【OK】按钮系统会自动

生成所选曲面，返回至总合成可以查看当前曲面，如图 A04-15 所示。

图 A04-13

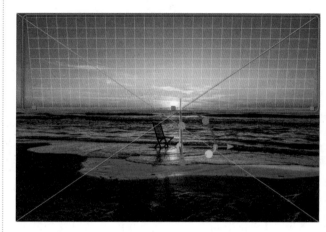

图 A04-14

图 A04-15

A04.2　File（文件）

File（文件）包括 Import Image/Footage（导入图像 / 胶片）、Import OBJ(.obj)［导入 OBJ 模型（.obj）］、Export OBJ (.obj)［导出 OBJ 模型（.obj）］、Export Camera（导出摄影机）和 Import Camera(fspy)［导入摄影机（fspy）］，接下来具体讲解 File 菜单栏中的每个属性，如图 A04-16 所示。

图 A04-16

◆ Import Image/Footage（导入图像 / 胶片）：文件除了可以在【项目】面板中导入，还可以在【Projection 3D】面板中执行【File（文件）】-【Import Image/Footage（导入图像 / 胶片）】菜单命令导入图像；如图 A04-17 所示，选择需要导入的素材后单击【OK】按钮即可成功导入，单击【Cancel】按钮取消导入。导入多个图像文件时，可以在文件夹选中所有素材后单击【OK】按钮导入。

◆ Import OBJ(.obj)［导入 OBJ 模型（.obj）］：可以导入 OBJ 文件的模型，提升图片立体度，如图 A04-18 所示。

◆ Export OBJ(.obj)［导出 OBJ 模型（.obj）］：可以将实体、遮罩和图层导出为 OBJ 文件，所生成的 OBJ 文件可以在三维软件中打开。

图 A04-17

图 A04-18

◆ Export Camera（导出摄影机）：导出匹配完成的摄影机数据。

◆ Import Camera(fspy)［导入摄影机（fspy）］：导入摄像机数据，自动匹配平面图片所对应的摄像机透视角度；可以使用 FSPY 软件，根据图像透视解析摄像机数据，生成 JSON 文件。

A04.3　Primitives（模型）

根据画面主体搭建模型，增强主体立体感，有些常见的几何体模型可以在此菜单栏中单击应用。接下来具体讲解 Primitives（模型），如图 A04-19 所示，效果如图 A04-20 所示。

图 A04-19

图 A04-20

几何体模型可以更加便捷地搭建场景，单击几何体便会出现对应的模型。如图 A04-21 所示，根据画面主体"水晶球"添加【球形】几何体，调整球体 Position（位置）、Rotation（旋转）和 Scale（缩放）属性参数以匹配画面。

图 A04-21

A04.4　Tools（表面建模器）

　　A04.3 节讲解了常见的几何体模型，对于不规则模型就要用到 Tools（表面建模器），包含 Extrude（挤出）、Extrude Along Path（沿路径挤出）、Mask Modeler（遮罩建模器）、Surface Modeler（曲面建模器）、Revolve（旋转）、Spherize（球面）、Bend（弯曲）、Independent Object（独立对象）和 Generate Plane from Point(s)（从点生成平面），如图 A04-22 所示，接下来具体讲解菜单栏中每个属性。

图 A04-22

　◆　Extrude（挤出）：对不规则主体在曲面上创建蒙版，根据蒙版路径挤出模型；模型蒙版遵循图层的相加、相减等模式，挤出效果如图 A04-23 所示。

图 A04-23

　　单击【Extrude（挤出）】按钮时会弹出对话框，在对话框中对挤出效果进行进一步调整，包含 Mask Offset（蒙版偏移）、Depth Size（深度尺寸）、Create Empty Spline（创建空样条）、Front Face（前面）、Backface（背面）、Create Surface（创建曲面）、Keep Mask（使用蒙版）、Vertices（顶点）和 Make a Linear Path（建立一条线性路径），如图 A04-24 所示。

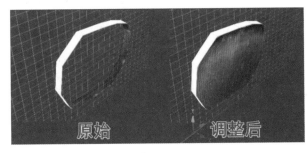

图 A04-24

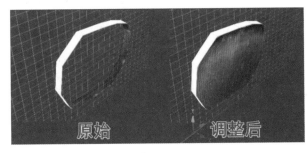

空白的纯色图层。

- Front Face（前面）和 Backface（背面）：默认情况下，即取消选中复选框时，只生成路径边缘；当选中复选框时，挤出效果就带有原始图层的前后两面，如图 A04-27 所示。

图 A04-27

- Mask Offset（蒙版偏移）：对挤出的蒙版路径边缘进行扩展，如图 A04-25 所示，参数越大则蒙版边缘扩展越明显。

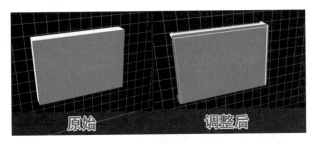

图 A04-25

- Depth Size（深度尺寸）：调整挤出深度，其默认值为 300，如图 A04-26 所示，参数越大则挤出的纵深就越大。

图 A04-26

- Create Empty Spline（创建空样条）：单击此按钮创建

- Create Surface（创建曲面）：单击此按钮生成挤出效果。
- Keep Mask（使用蒙版）：选中该复选框后可以根据原始蒙版创建顶点数量。
- Vertices（顶点）：调整顶点数量，挤出效果会根据顶点的数量创建面数，面数越多则模型边缘越圆滑，如图 A04-28 所示。

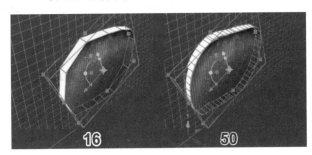

图 A04-28

- Make a Linear Path（建立一条线性路径）：根据顶点数量创建蒙版路径，生成时可以选择是否根据原有顶点生成。
- Extrude Along Path（沿路径挤出）：沿路径创建模型，挤出需创建两个蒙版，第一个是路径，第二个是挤出面数，根据蒙版顶点生成相应面数。如图 A04-29 所示，第二个蒙版有 5 个顶点，那么所挤出的模型侧面也具有 5 个面。

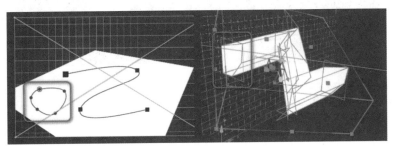

图 A04-29

在【Extrude Along Path（沿路径挤出）】对话框中对沿路径挤出效果进行进一步调整，如图 A04-30 所示，其中包含 Mask Offset（蒙版偏移）、Create Empty Spline（创建空样条）、Keep Mask（使用蒙版）、Create Surface（创建曲面）、Vertices（顶点）和 Make a Linear Path（建立一条线性路径）。可以调整顶点细化曲线，选择路径蒙版调整顶点数量，数量越多则曲线越圆滑，效果如图 A04-31 所示。

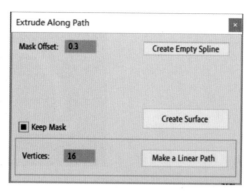

图 A04-30

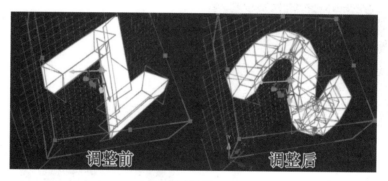

图 A04-31

◆ Mask Modeler（遮罩建模器）：将多个平面绘制的蒙版进行建模，如图 A04-32 所示，建立一个有深度的走廊，创建平面，根据走廊形状创建蒙版；将平面进行复制并调整【位置】Z 轴属性，使平面铺满全屏，单击【Create Surface（创建曲面）】按钮，根据两个蒙版间的距离自动填充，创建拱形走廊。

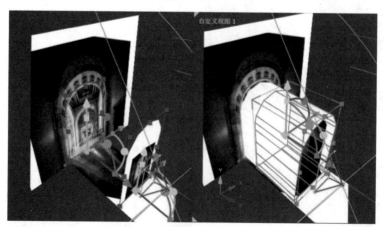

图 A04-32

在【Mask Modeler（遮罩建模器）】对话框中包含 TYPE（类型）、Mask Offset（蒙版偏移）、Create Empty Spline（创建空样条）、Show Masks（显示蒙版）、Front Face（前面）、Backface（背面）、Keep Mask（使用蒙版）、Create Surface（创建曲面）、Vertices（顶点）和 Make a Linear Path（建立一条线性路径），如图 A04-33 所示。

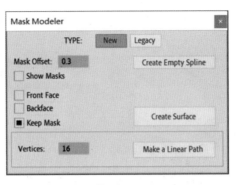

图 A04-33

◆ Surface Modeler（曲面建模器）：使用曲面搭建模型；选择蒙版顶点后单击【Get（获得）】按钮，可以获取蒙版顶点的位置参数，单击【Create Polygon（创建多边形）】按钮会根据位置参数创建平面，如图 A04-34 所示。

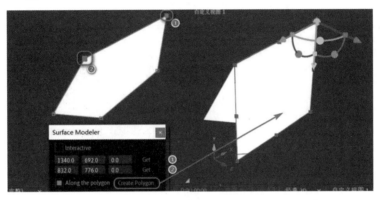

图 A04-34

【Rotation（旋转）】以锚点为中心调整平面的旋转角度，可以调整 X 轴和 Y 轴的旋转角度实现一键旋转，如图 A04-35 所示。

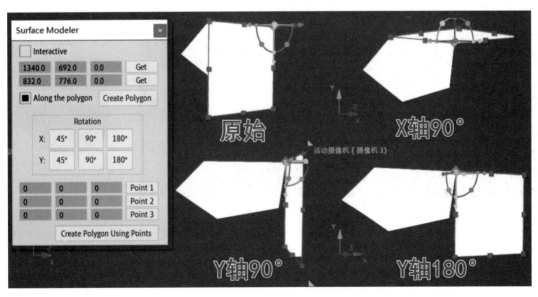

图 A04-35

在此基础上还可以创建多边形，选择蒙版顶点后单击【Point 1（位置 1）】按钮，可以获取蒙版顶点的位置参数，可以选择 3 个点后单击【Create Polygon Using Points（使用点创建多边形）】按钮生成多边形平面，如图 A04-36 所示。

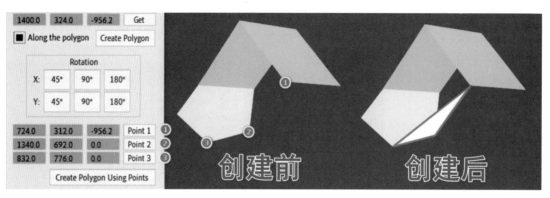

图 A04-36

◆ Revolve（旋转）：可以使用蒙版路径进行旋转来创建模型，如图 A04-37 所示，在平面上沿"热气球"边缘创建蒙版路径，单击【Create Surface（创建曲面）】按钮自动生成"热气球"模型。

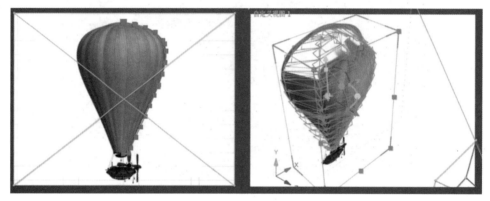

图 A04-37

遇到不对称物体时，单击【Mirror Path（镜像路径）】按钮生成镜像的蒙版路径，根据图层边缘调整蒙版路径顶点，选中两个蒙版路径后单击【Create Surface（创建曲面）】按钮创建模型，如图 A04-38 所示。

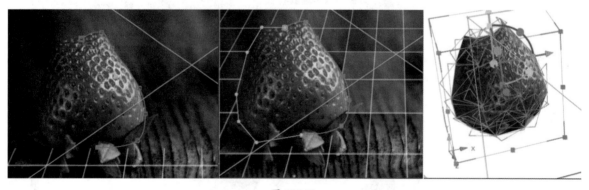

图 A04-38

在【Revolve】对话框中包含 Mask Offset（蒙版偏移）、Segments（细分曲面）、Create Empty Spline（创建空样条）、Mirror Path（镜像路径）、Orient Towards Camera（面朝摄像机）、Create only front(visible) area［仅创建前（可见）区域］、Keep Mask（使用蒙版）、Create Surface（创建曲面）、Vertices（顶点）和 Make a Linear Path（建立一条线性路径），如图 A04-39 所示。

◆ Spherize（球面）：在平面图层上绘制最少两个蒙版，使模型基础面更加自然，单击【Edit Masks（编辑蒙版）】按钮，在原本的两个蒙版间添加过渡蒙版，单击【Create Surface（创建曲面）】按钮创建球面，效果如图 A04-40 所示。要想球面化效果更加明显，可以调整 Z 轴的【缩放】属性。

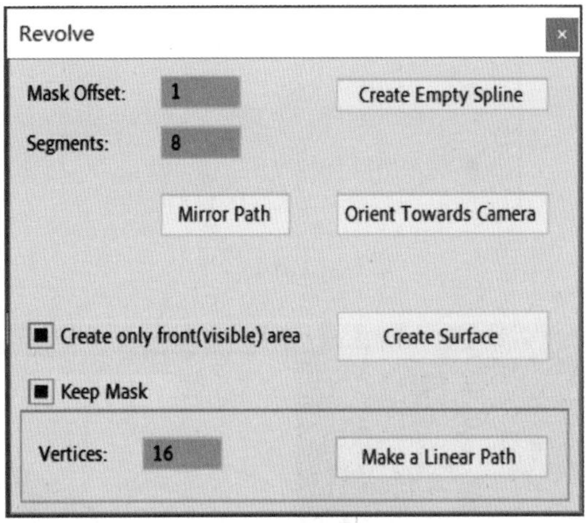
Revolve
Mask Offset:
1
Create Empty Spline
Segments:
8
Mirror Path
Orient Towards Camera
Create only front(visible) area
Create Surface
Keep Mask
Vertices:
16
Make a Linear Path

图 A04-39

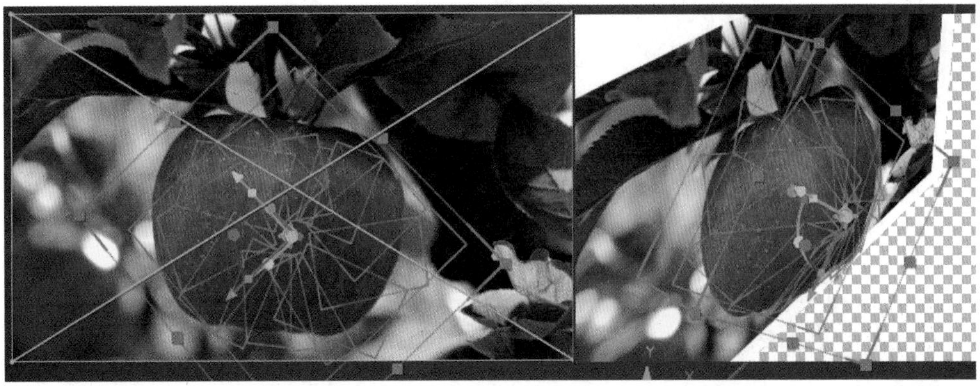

图 A04-40

在【Spherize（球面）】对话框中包含 Scale Type（比例类型）、Empty Spline（空样条）、Mask Offset（蒙版偏移）、Orient Towards Camera（面朝摄像机）、Specify Size（指定比例）、Edit Masks（编辑蒙版）、Keep Mask（使用蒙版）、Create Surface（创建曲面）、Vertices（顶点）和 Make a Linear Path（建立一条线性路径），如图 A04-41 所示。

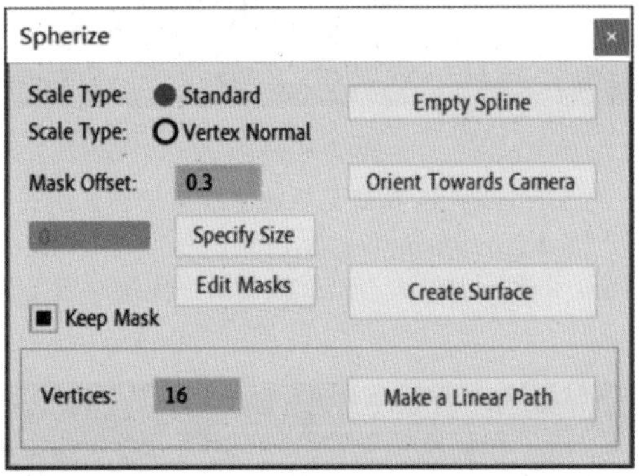
Spherize
Scale Type:
Standard
Empty Spline
Scale Type:
Vertex Normal
Mask Offset:
0.3
Orient Towards Camera
Specify Size
Edit Masks
Create Surface
Keep Mask
Vertices:
16
Make a Linear Path

图 A04-41

- Bend（弯曲）：使图片弯曲，在【Bend（弯曲）】对话框中包含 Segments（分段）、Rotate（旋转）、Use As Projection Image（作为投射）和 Bend（弯曲）。【Segments（分段）】设置弯曲分段面数，【Rotate（旋转）】设置弯曲旋转度数，单击【Bend（弯曲）】按钮生成弯曲模型，如图 A04-42 所示。效果如图 A04-43 所示，该平面有 10 个弯曲分段面，弯曲角度是 60°。

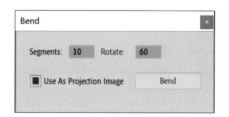

图 A04-42

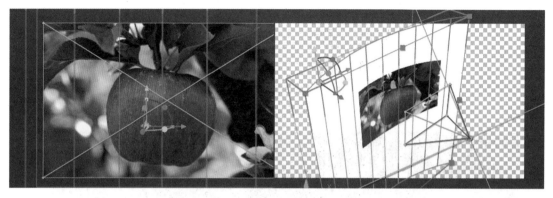

图 A04-43

◆ Independent Object（独立对象）：移动不规则模型时，只有模型在移动，而图片不会跟随移动。选中模型后单击【Independent Object（独立对象）】按钮会将图片应用在模型上，使其变为独立个体，移动时具有图像的模型也会随之移动，如图 A04-44 所示。

图 A04-44

◆ Generate Plane from Point(s)（从点生成平面）：选择曲面后在【效果控件】中设置【Generate Position（生成位置）】中【点】的位置，如图 A04-45 所示。在【Projection 3D】面板中，执行【Tools（表面建模器）】-【Generate Plane from Point(s)（从点生成平面）】菜单命令，生成一个具有三维属性的平面图层；当设置两个有深度的点时，根据这两个点形成一个纵深图层，如图 A04-46 所示。

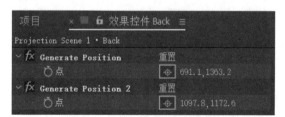

图 A04-45

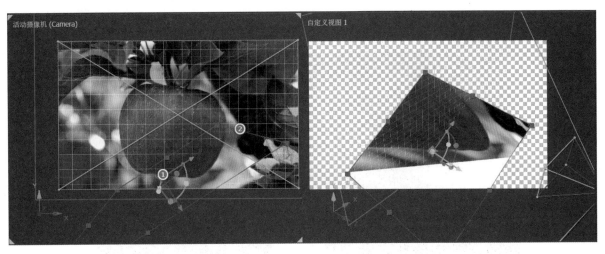

图 A04-46

A04.5　Utilities（实用工具）

　　除了建模外还有一些实用工具，Utilities（实用工具）包含 Add Duration（添加持续时间）、Blur Edges（模糊边缘）、Group Objects（组对象）、Edit Anchor Point（编辑锚点）和 Clean Edges（清洁边缘），如图 A04-47 所示。接下来具体讲解菜单栏中的每个属性。

图 A04-47

◆　Add Duration（添加持续时间）：当合成持续时间变长时，原始的图层合成时间不变，需要单独对每个合成时长进行调整；可以单击【Add Duration（添加持续时间）】按钮，将合成内整体时长延长。如图 A04-48 所示，原始合成的持续时间为 5 秒，图层合成时间也为 5 秒；将合成的持续时间延长为 10 秒后，选择图层单击【Add Duration（添加持续时间）】按钮，图层合成也延长为 10 秒。

图 A04-48

◆ Blur Edges（模糊边缘）：单击此按钮会在图层中自动添加【Size（大小）】和【Blur（模糊）】效果，使图层边缘产生模糊效果，可以在【效果控件】中调整属性参数，如图 A04-49 所示，效果如图 A04-50 所示。

图 A04-49

图 A04-50

◆ Group Objects（组对象）：与【Projection 3D】面板中的一致。

◆ Edit Anchor Point（编辑锚点）：与【Projection 3D】面板中的一致。

◆ Clean Edges（清洁边缘）：利用【Replace Projection Images（替换投影）】工具进行内容替换后，清洁替换的内容产生的白色边缘，如图 A04-51 所示。

图 A04-51

A04.6　实例练习——地下通道案例

通过对 Projection 3D 脚本的学习，匹配摄像机，搭建三维场景；丰富画面，将人物图片添加至合成中。本实例的最终效果如图 A04-52 所示。

图 A04-52

操作步骤

01 新建项目，新建合成并命名为"地下通道效果"，在【项目】面板中导入图片素材"场景.jpg""人物.png""人物 2.png""人物 3.png"，把"场景.jpg"拖曳到时间线上；执行【窗口】-【Projection 3D.jsx】菜单命令，单击【Match Camera（匹配摄像机）】按钮，调整【HELPER GRID（辅助网格）】匹配透视，如图 A04-53 所示。

图 A04-53

02 选中图层 #1 "Camera" 和图层 #2 "场景 .jpg"，单击【Create Projection（创建投射）】按钮，在相应对话框中设置【Number of Scenes（场景数目）】参数为 3；选中图层 #4 "Projection Scene 3" 双击进入合成中，在【Projection 3D】面板中，在【HELPER GRID（辅助网格）】中选中【Back（背面）】复选框，单击【OK】按钮，在【时间轴】面板上自动生成图层 #1 "Back"，调整画面大小，如图 A04-54 所示，效果如图 A04-55 所示。

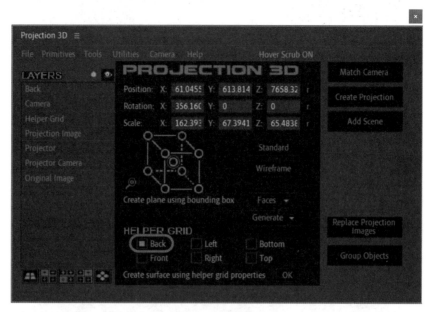

图 A04-54

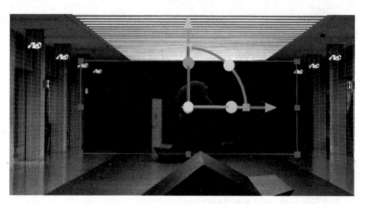

图 A04-55

03 选中图层 #3 "Projection Scene 2" 双击进入合成，在【Projection 3D】面板中，在【HELPER GRID（辅助网格）】中选中【Bottom（底面）】和【Top（顶面）】复选框，单击【OK】按钮，在【时间轴】面板上自动生成图层 #1 "Top" 和图层 #2 "Bottom"，调整画面大小，效果如图 A04-56 所示。

04 选中图层 #2 "Projection Scene 1" 双击进入合成，在【Projection 3D】面板中，在【HELPER GRID（辅助网格）】中选中【Left（左面）】和【Right（右面）】复选框，单击【OK】按钮，在【时间轴】面板上自动生成图层 #1 "Right" 和图层 #2 "Left"，调整画面大小，效果如图 A04-57 所示。

05 返回总合成，选中图层 #1 "Movie Camera" 添加【位置】关键帧，制作摄像机前进效果；单击▶按钮或按空格键，查看画面效果，进行局部调整。

06 丰富画面，把在 Photoshop 软件中处理好的 "人物 .png" "人物 2.png" "人物 3.png" 拖曳至图层 #1 "Movie Camera" 下方，开启三维开关，调节【位置】和【缩放】参数，效果如图 A04-58 所示。

07 至此，地下通道效果制作完成，单击▶按钮或按空格键，查看制作效果。

图 A04-56

图 A04-57

图 A04-58

A04.7　实例练习——高级香水广告

使用 Midjourney 生成香水瓶和场景，使用 Projection 3D 脚本制作展示动画。本实例的最终效果如图 A04-59 所示。

图 A04-59

操作步骤

01 使用人工智能 Midjourney，在对话框中输入"/"并单击常用指令"/imagine"，在 Prompt 对话框中输入提示词"Dropper Brown Essence Bottle"，等待人工智能生成精华瓶图片，如图 A04-60 所示。

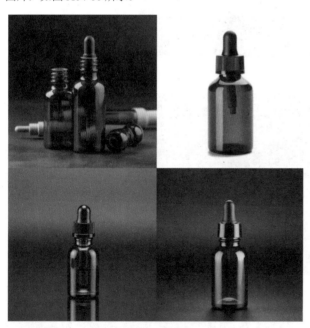

图 A04-60

02 左下方所生成的精华瓶较为符合，单击【V3】按钮对所选图像进行进一步变化。在弹出的对话框中输入提示词

"Origami decorative background, layered background"，等待人工智能生成丰富背景的图片，如图 A04-61 所示。

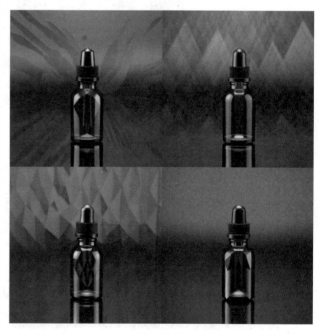

图 A04-61

03 现在精华瓶有些简单，接下来单击【V】按钮对所选图像进行进一步变化。添加新的提示词"Both sides beige three-dimensional origami, layered background, The bottle is not modified"，等待人工智能生成丰富背景和瓶身的图片，结果如图 A04-62 所示。

图 A04-62

04 现在所生成的右下方图像达到了预期，根据自己的喜好在觉得合适的香水瓶图片上单击【U】按钮，放大图像添加更多细节并保存图像，如图 A04-63 所示。

图 A04-63

05 接下来生成多层次的纸质场景，在对话框中输入"/"并单击常用指令"/imagine"，在 Prompt 对话框中输入提示词"Layered paper, aesthetic, epic detail, dreamy beige color, Advanced lighting"，等待人工智能生成纸质场景，如图 A04-64 所示。

图 A04-64

06 所生成的场景偏小，单击【V3】按钮对所选图像进行进一步变化。在弹出的对话框中输入提示词"simple small scenes, Enlarge the scene, middle blank platform display"，等待人工智能生成中间有展示平台的场景，如图 A04-65 所示。

图 A04-65

07 调整场景视图，将中间展示平台放大，单击【V4】按钮对所选图像进行进一步变化。在弹出的对话框中输入提示词"back warm light source, middle booth enlargement, midpoint spotlighting, frontal parallel perspective, frontal parallel perspective",等待人工智能生成背面暖光源的场景,如图 A04-66 所示。

加更多细节并保存图像,如图 A04-68 所示。

图 A04-66

08 由于当前场景与香水定位不统一,在弹出的对话框中输入提示词 "forest, flowers, castle",等待人工智能生成具有森林、鲜花、城堡等元素的场景,如图 A04-67 所示。

图 A04-67

09 现在所生成的右下方图像达到了预期,根据自己的喜好在觉得合适的场景图片上单击【U】按钮,放大图像添

图 A04-68

10 在 Photoshop 软件中使用【钢笔工具】沿瓶身绘制路径,闭合路径后单击鼠标右键,在弹出的快捷菜单中选择【建立选取】选项,将中间的香水单独抠出,执行【填充】-【内容识别】菜单命令,完善香水瓶瓶身阴影,如图 A04-69 所示。

图 A04-69

11 使用 AE 软件制作动画。新建项目,在【项目面

板】中导入图片素材"香水 .psd"和"场景 .png"。使用"场景 .png"素材创建合成，选中图层 #1"场景"执行【窗口】-【Projection 3D.jsx】菜单命令，单击【Match Camera（匹配摄像机）】按钮，调整【HELPER GRID（辅助网格）】匹配透视，如图 A04-70 所示。

图 A04-70

12 选中图层 #1"Camera"和图层 #2"场景 .png"，单击【Create Projection（创建投射）】按钮，在对话框中设置【Number of Scenes（场景数目）】参数为 1；选中图层 #2"Projection Scene 1"双击进入合成，在【Projection 3D】面板中，在【HELPER GRID（辅助网格）】中选中【Back（背面）】【Left（左面）】【Bottom（底面）】【Right（右面）】【Top（顶面）】五个复选框，如图 A04-71 所示，单击【OK】按钮，在【时间轴】面板上自动生成所选平面图层，如图 A04-72 所示。

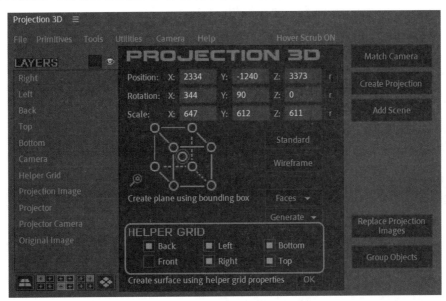

图 A04-71

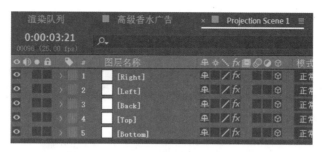

图 A04-72

13 返回合成,将"香水"和"影子"置于合成中,建立父子级关系,开启三维按钮,调整透视关系使其与场景大小一致;选择图层 #3"影子"设置图层【混合模式】为【相乘】,降低【不透明度】属性参数,根据画面绘制蒙版,调整【蒙版羽化】参数使其过渡更加自然。按 Ctrl+D 快捷键进行复制,将阴影效果加深,如图 A04-73 所示。

图 A04-73

14 选中图层 #1"Movie Camera",创建【位置】和【目标点】关键帧动画,制作摄像机前进效果,查看画面效果,进行局部调整;选中图层 #2"香水"使其贴合地面,创建【位置】关键帧动画,如图 A04-74 所示。

图 A04-74

15 接下来添加光效以凸出香水的高级感。新建调整图层并执行【效果】-【RG Trapcode】-【Shine】菜单命令,使其与画面色调一致,在【效果控件】中根据画面颜色调整【着色】色值;为了丰富画面,使光在画面中移动,添加【源点】关键帧动画,效果如图 A04-75 所示。

16 至此,高级香水广告制作完成,单击▶按钮或按空格键,查看制作效果。

图 A04-75

A04.8　综合案例——山间小镇案例

公司在制作景点宣传片时有一个场景忘记拍摄视频，只有一张图片，老板让小森把这张图片制作成动画效果，还不能让观众看出是一张图片。小森通过自学 Projection 3D 脚本，完成了此次任务，让景点宣传片在规定时间完成投放。

本案例的最终效果如图 A04-76 所示。

图 A04-76

制作思路

① 使用 Projection 3D 将平面图片投射成为三维空间。
② 将图片中的云抠除，重新替换成云层视频。
③ 使用分形杂色和置换图效果制作流动的湖面。
④ 为了使木桩不产生畸变，通过 Primitives 模型制作独立的木桩。

操作步骤

01 新建项目，在【项目】面板中导入素材"建筑 .jpg"和"云 .mp4"，选中图片素材"建筑 .jpg"拖曳到时间线上创建合成,将合成命名为"山间小镇";选中图层 #1"建筑"执行【窗口】-【Projection 3D.jsx】菜单命令,单击【Match Camera(匹配摄像机)】按钮,调整【HELPER GRID(辅助网格)】匹配透视,如图 A04-77 所示。

图 A04-77

02 选中图层 #1"Camera"和图层 #2"场景.jpg",单击【Create Projection(创建投射)】按钮,在对话框中设置【Number of Scenes(场景数目)】参数为3;选中图层 #3"Projection Scene 2"将其命名为"河流",双击进入合成中,在【HELPER GRID(辅助网格)】中选中【Bottom(底面)】复选框,单击【OK】按钮,在【时间轴】面板上自动生成图层 #1"Bottom",调整画面大小,沿建筑附近绘制蒙版,在蒙版设置中选中【反转】复选框,如图 A04-78 所示。

图 A04-78

03 选中图层 #4"Projection Scene 3"将其命名为"小镇",双击进入合成,在【HELPER GRID(辅助网格)】中选中【Back(背面)】复选框,单击【OK】按钮,在【时间轴】面板上自动生成图层 #1"Back",调整画面位置,如图 A04-79 所示。

图 A04-79

04 为了方便制作后续动画，需使用 Photoshop 软件将"木桩""完整河面和建筑""建筑云层抠除"进行抠出和填充；在"山间小镇"合成中选中图层 #4"小镇"，单击【Replace Projection Images（替换投影）】按钮将创建完成的平面进行替换，选择"建筑云层抠除 .png"；为了显示原本的透明通道，在面板中执行【Utilities（实用工具）】-【Clean Edges（清洁边缘）】菜单命令，对替换的内容白色边缘进行清洁，如图 A04-80 所示。

图 A04-80

05 由于使用边缘清洁效果，画面颜色发生了改变。选择图层 #4"小镇"按 Ctrl+D 快捷键进行复制，在【效果控件】中关闭【Keylight (1.2)】效果，使用蒙版将"绿幕"抠除，如图 A04-81 所示。

图 A04-81

06 选中图层 #5 "Projection Scene 3" 将其命名为 "云"，双击进入合成；由于视频素材 "云 .mp4" 是一个倍速视频，在【项目】面板选择视频素材 "云 .mp4"，单击鼠标右键，在弹出的快捷菜单中执行【解释素材】-【主要】菜单命令，调整【匹配帧速率】为 25 帧 / 秒，单击【确定】按钮；选择素材 "云 .mp4" 拖曳到【时间轴】面板中，调整画面大小，展开隐藏图层，将图层 #4 "Projection Image" 可视化属性关闭，如图 A04-82 所示，效果如图 A04-83 所示。

图 A04-82

图 A04-83

07 选中图层 #5 "云"，执行【效果】-【颜色校正】-【Lumetri 颜色】菜单命令，在【效果控件】中调整【曝光度】【对比度】【高光】【阴影】【白色】【黑色】【饱和度】参数，如图 A04-84 所示，效果如图 A04-85 所示。

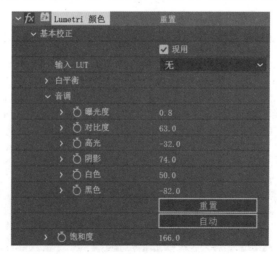

图 A04-84

图 A04-85

08 接下来制作"河流动效"，把木桩抠除使"河面"干净，在"山间小镇"合成中选中图层 #2"河流"，单击【Replace Projection Images（替换投影）】按钮，把创建完成的平面进行替换，选择"完整河面和建筑 .png"，如图 A04-86 所示。

图 A04-86

09 接下来制作河流流动效果，单击【Add Scene（添加场景）】按钮创建合成，将其命名为"河流动效"，选中图层 #4"河流"双击进入合成，选中图层 #1"Bottom"按 Ctrl+C 快捷键进行复制，按 Ctrl+V 快捷键粘贴至"河流动效"图层中。

10 选择图层 #1"Bottom"执行【效果】-【杂色和颗粒】-【分形杂色】菜单命令，在【效果控件】中调整【对比度】【亮度】【缩放】参数，如图 A04-87 所示，创建【演化】关键帧动画，如图 A04-88 所示，效果如图 A04-89 所示。

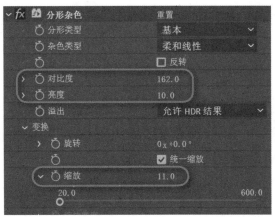

图 A04-87

图 A04-88

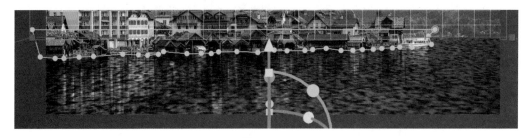

图 A04-89

11 在"山间小镇"合成中,将图层 #3"河流动效"可视化属性关闭,选择图层 #4"河流",执行【效果】-【扭曲】-【置换图】菜单命令,在【效果控件】中设置【置换图层】为【2. 河流动效】,并调整其他属性,如图 A04-90 所示,效果如图 A04-91 所示。

图 A04-90

图 A04-91

12 接下来添加图片上原有的木桩,单击【Add Scene(添加场景)】创建合成,将其命名为"木桩",双击进入合成;在【Primitives(模型)】中单击圆柱体,在【预览窗口】中调整圆柱体位置;为了使圆柱体可以移动,执行【Tools(表面建模器)】-【Independent Object(独立对象)】菜单命令,调整圆柱体的位置对准木桩,如图 A04-92 所示。

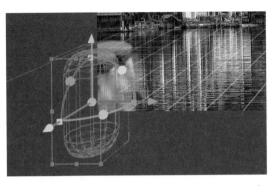
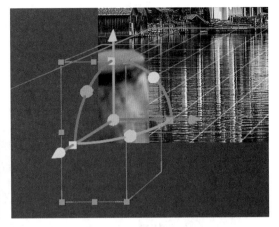

图 A04-92

13 在"山间小镇"合成中选中图层 #2 "木桩",执行【Utilities（实用工具）】-【Blur Edges（模糊边缘）】菜单命令,使"木桩"边缘虚化,如图 A04-93 所示。

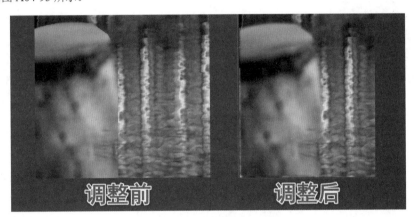

图 A04-93

14 选中图层 #1 "Movie Camera",创建【位置】关键帧动画,制作摄像机前进效果,查看画面效果,进行局部调整。由于摄像机推进,河面投影产生变形,选择图层 #4 "河流"执行【效果】-【扭曲】-【液化】菜单命令,在【效果控件】中使用【液化】工具调整河面投影,并创建【扭曲百分比】关键帧,如图 A04-94 所示。

图 A04-94

15 至此,山间小镇案例制作完成,单击 ▶ 按钮或按空格键查看制作效果。

A04.9　作业练习——城市建筑案例

　　小森是一个科幻迷，从小就向往科幻世界，自从看了电影《银翼杀手 2049》，也开始向往那样的科幻世界，他使用人工智能 Midjourney 生成了两张图片，在 AE 中搭建出一个极具科幻色彩的城市建筑。

　　本作业原素材如图 A04-95 所示，完成效果如图 A04-96 所示。

图 A04-95

图 A04-96

作业思路

① 使用 Midjourney 创建赛博朋克风格的图片，在 AE 中新建项目并新建合成"城市建筑"，将素材"室内"导入合成，匹配摄像机，创建一个【Create Projection（创建投射）】合成，先使用 Photoshop 软件将窗户中的内容抠除，然后在面板中替换素材，消除白边；创建摄像机【位置】属性关键帧，制作推进动画。添加【Blur Edges（模糊边缘）】效果，使镜头推进时逐渐虚化消失。

② 新建合成"建筑"，将素材"科幻建筑"导入合成，匹配摄像机使其更有层次感，创建四个【Create Projection（创建投射）】合成，根据上述步骤分别制作左侧建筑、右侧建筑、中间建筑和背景。创建摄像机【位置】属性关键帧，制作缩小动画，慢慢展现全景。

③ 将"建筑"合成导入"城市建筑"，使用【Lumetri 颜色】效果将色调统一；进入"建筑"合成中，使用跟踪摄像机选取跟踪点，添加 HUD 素材；为了使其效果更加真实，根据近实远虚的原则添加【摄像机镜头模糊】效果。

总结

本课讲解了如何使用 Projection 3D 平面图片投射三维空间摄像机视差脚本，可以将图片转换为三维场景，不需要去实景拍摄，也可以转化带有景深的视频片段。本篇基础知识讲解就到这里，在 B 篇中我们将会学习使用高级的 AE 插件，并通过一些实例练习和综合案例来展示这些插件的使用方法。

读书笔记

B 进阶篇

高级案例 进阶插件

本篇将主要介绍一些高级的 AE 插件，如 Element 3D、Mocha Pro 和 Particular，完成本篇的学习后，读者可以制作高级的特效，如三维模型、平面跟踪和粒子效果。

Element 3D 是由 Video Copilot 针对 AE 开发的三维模型插件，是为特效设计师提供的高效制作工具。它可以让特效设计师直接在 AE 中搭建三维场景，将三维模型与实景结合，使特效制作更加便捷，如图 B01-1 所示。

图 B01-1

B01.1　Element 3D 场景界面

Element 3D 将制作场景做成了单独的面板，在【效果控件】中双击【Scene Setup】菜单命令进入场景界面，如图 B01-2 所示。下面将具体讲解 Element 3D 场景界面。

图 B01-2

1. Model Browser（模型浏览器）

Model Browser（模型浏览器）可以显示系统自带和导入的模型文件，可以通过下方缩略图预览并创建模型元素，如图 B01-3 所示。

图 B01-3

2. Presets（预设）

Presets（预设）包括 Bevels（倒角预设）、Environment（环境）和 Materials（材质）三种。

◆ Bevels（倒角预设）：可以对挤出文字应用预设，如图 B01-4 所示。

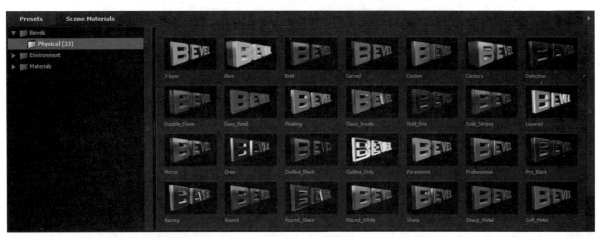

图 B01-4

◆ Environment（环境）：环境贴图，也就是环境光。在真实环境中，由于物体会反射和折射周围的场景，因此环境贴图可以用来模拟这种效果，让物体看起来更加真实，如图 B01-5 所示。

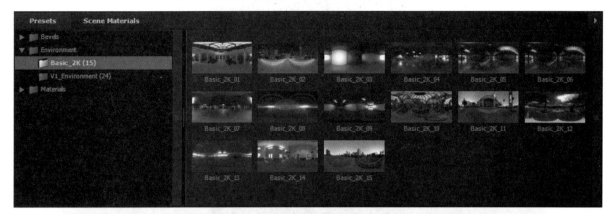

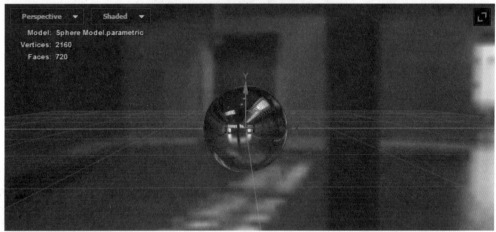

图 B01-5

◆ Materials（材质）：可以直接应用材质，节省大量制作材质的时间，如图 B01-6 所示。

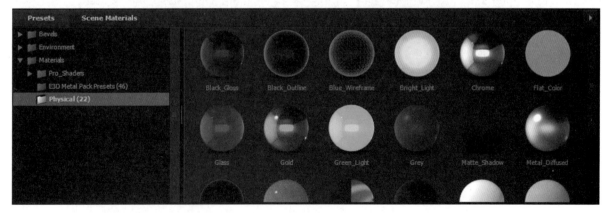

图 B01-6

3. Preview（预览）

Preview（预览）窗口可以实时展现模型，如图 B01-7 所示。该窗口底部的工具介绍如下。

● 摄像机工具：使用鼠标对视图进行操作，鼠标左键是旋转视图；滚动滑轮是放大或缩小视图；按住滑轮是移动视图。

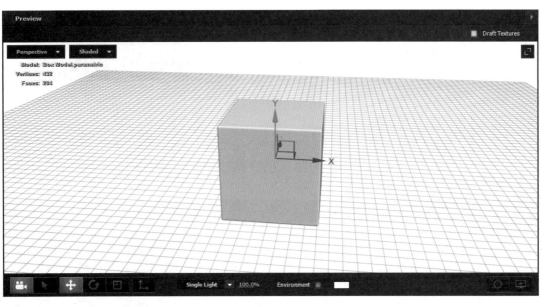

图 B01-7

- 选择工具：预览面板中的模型通过调整世界轴进行调整，按钮分别为【移动】、【旋转】、【缩放】和【锚点】；单击相应工具后预览面板的世界轴会对应发生变换，需要注意的是，移动锚点时要选择【移动】工具后才能选择【锚点】工具，如图 B01-8 所示。

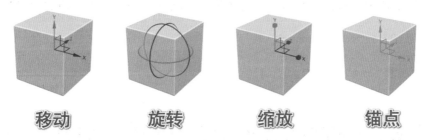

图 B01-8

- 灯光预设：可对灯光预设进行预览，要应用灯光预设则执行【效果控件】→【Render Settings（渲染设置）】→【Lighting（灯光）】菜单命令，添加灯光；后面参数可以调整预览灯光亮度。
- 环境贴图：选中该复选框可以显示当前环境贴图。
- 背景颜色：调整预览窗口的背景颜色，类似于【合成设置】中的"背景颜色"。
- 摄像机对准对象中心：当模型很大或者很小时，可以选择模型后单击此工具，直接显示模型的中心点效果，如图 B01-9 所示。

图 B01-9

●  视图选项：可以更改视图设置，具体包括 Show Info（显示信息）、Show AO（显示 AO）、Reflections（反射）、Bounding Boxes（边界框）、Grid（网格）和 Gizmos（世界轴），如图 B01-10 所示。

图 B01-10

4．Scene（场景）

场景如 After Effects 中的图层一样，会显示预览面板中的对应模型，模型可以进行分组，分组后在【效果控件】面板中对组内模型进行设置，最多可分为 5 组，如图 B01-11 所示。

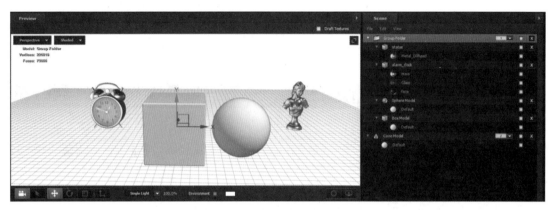

图 B01-11

5．Edit（编辑）

编辑可分为材质编辑和模型编辑，如图 B01-12 所示，材质编辑是对材质进行具体设置，模型编辑是对模型进行具体设置。材质编辑会在 B01.2 节中讲解，模型编辑会在 B01.3 节中讲解。

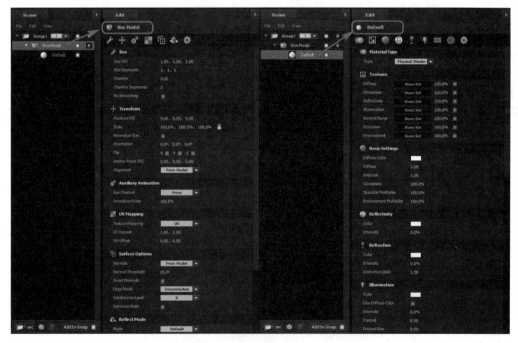

图 B01-12

B01.2　Element 3D 材质编辑

Element 3D 场景界面中有 Presets（预设）窗口，其中预设中包含了 Materials（材质），应用材质后可以在此处调节材质预设；要是自己想要自定义材质，则需要在材质编辑中添加所需的材质属性，接下来讲解 Edit（编辑）中材质编辑的具体属性。

1．Material Type（材质类型）

Material Type（材质类型）包括 Standard Shader（标准着色器）和 Physical Shader（物理着色器），如图 B01-13 所示。

图 B01-13

◆ Standard Shader（标准着色器）：使用常规的镜面和反射系统，只使用场景灯光来照亮材料，如图 B01-14 所示。

图 B01-14

◆ Physical Shader（物理着色器）：使用环境映射来照亮对象，当改变环境时，着色器的照明也会随之改变；使用场景灯光和环境的混合来照亮材质，如图 B01-15 所示。

一般【Material Type（材质类型）】设置为【Physical Shader（物理着色器）】，材质设置时 Textures（纹理）、Basic Settings（基本设置）、Reflectivity（反射）和 Refraction（折射）设置有些许不同，其余设置一致，具体的讲解以 Physical Shader（物理着色器）为主。

图 B01-15

2．Textures（纹理）

Textures（纹理）包括 Diffuse（漫射贴图）、Specular（高光贴图）、Glossiness（光泽贴图）、Reflectivity（反射贴图）、Illumination（照明贴图）、Normal Bump（法线凹凸）、Occlusion（吸收贴图）和 Environment（环境贴图），如图 B01-16 所示。其中各选项的具体介绍如下。

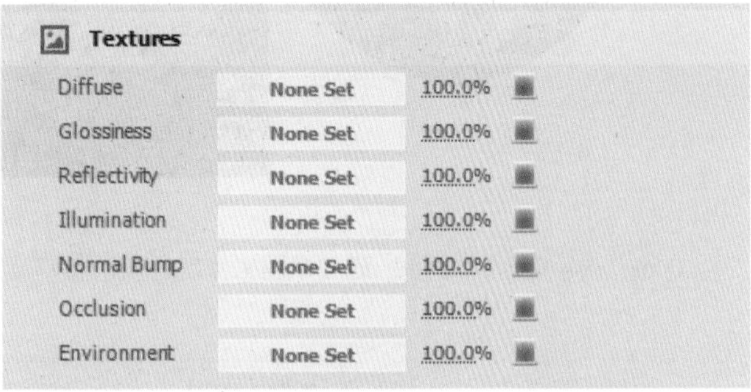

图 B01-16

◆ Diffuse（漫射贴图）：使用图片替换材质原有的漫反射颜色，例如，将原本的白色模型替换成绿颜色的草地，如图 B01-17 所示。

◆ Specular（高光贴图）：用来表示物体对光的反应强度，只有 Standard Shader（标准着色器）才有该选项。当光照射到塑料、布、金属时，高光部分和高光性能有所不同。高光显示的强度由高光显示贴图上的颜色值表示，该值越大，高光显示的反射就越强，如图 B01-18 所示。

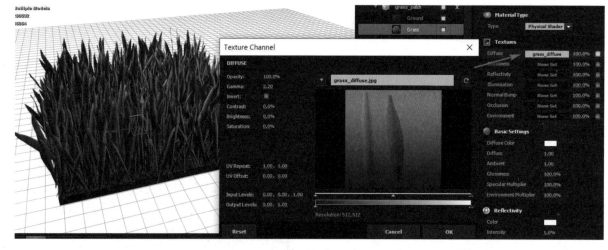

图 B01-17

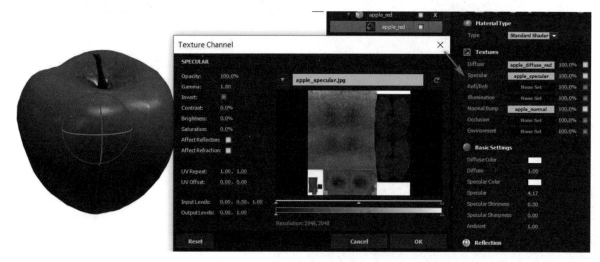

图 B01-18

◆ Glossiness（光泽贴图）：通过贴图来体现材质的粗糙程度，如图 B01-19 所示。

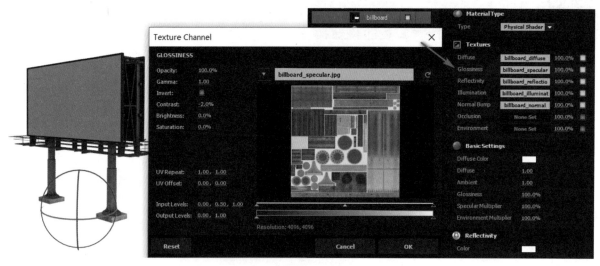

图 B01-19

◆ Reflectivity（反射贴图）：使用反射贴图来控制材质反射强度以及颜色，除有色金属之外；如图 B01-20 所示的金属易拉罐，此时的反射贴图会控制其反射颜色，类似于漫射贴图。

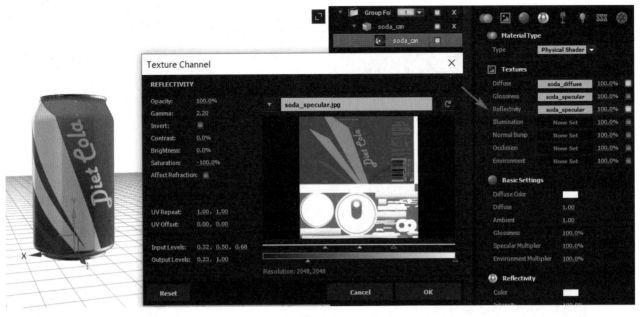

图 B01-20

◆ Illumination（照明贴图）：使用贴图保留模型的光照信息，如图 B01-21 所示。

图 B01-21

◆ Normal Bump（法线凹凸）：用于模拟材质受到光照影响表面产生凹凸不平的效果。通过使用法线凹凸贴图，可以为模型增加细节，使其看起来更加真实，如图 B01-22 所示。

◆ Occlusion（吸收贴图）：增强模型间遮挡的阴影，如模型中的缝隙、孔洞。

◆ Environment（环境贴图）：除了默认的环境贴图，想要模型更加贴合场景，可以自定义环境贴图。图 B01-23 所示场景的环境贴图是"绿植温室"，自定义的环境贴图是"日落天空"，那么模型飞机所在的环境是"日落天空"。

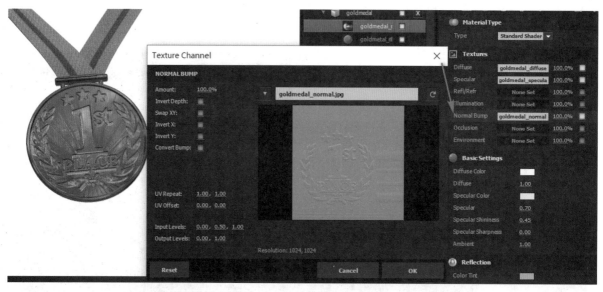

图 B01-22

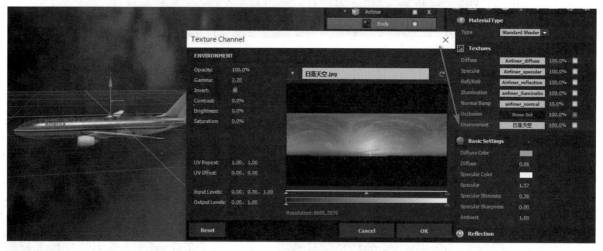

图 B01-23

3. Basic Settings（基本设置）

　　Basic Settings（基本设置）包括 Diffuse Color（漫射颜色）、Diffuse（漫射强度）、Ambient（环境光强度）、Glossiness（反光强度）、Specular Multiplier（高光倍增）和 Environment Multiplier（环境倍增），如图 B01-24 所示。其中各选项的具体介绍如下。

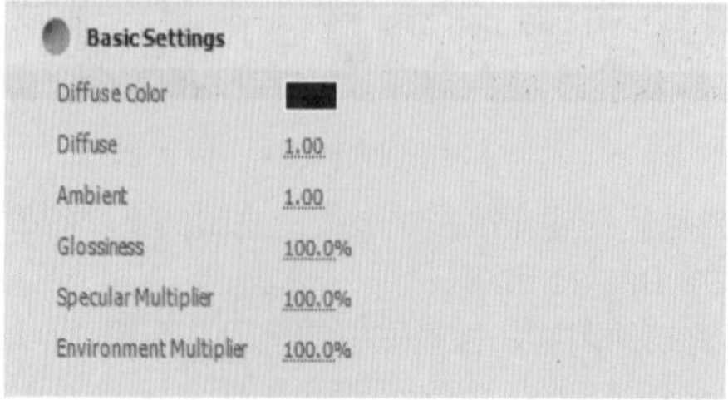

图 B01-24

◆ Diffuse Color（漫射颜色）：调整材质表面漫射颜色，可以自定义漫射色值，如图 B01-25 所示。

图 B01-25

◆ Diffuse（漫射强度）：调整材质表面漫射程度。
◆ Ambient（环境光强度）：调整材质表面受环境光影响强度。
◆ Glossiness（反光强度）：调整材质表面反光影响强度，如图 B01-26 所示。

图 B01-26

◆ Specular Multiplier（高光倍增）：调整材质表面高光影响强度，如图 B01-27 所示。

图 B01-27

◆ Environment Multiplier（环境倍增）：调整材质表面环境光影响程度，如图 B01-28 所示。

图 B01-28

4. Reflectivity（反射）

Reflectivity（反射）包括 Color（颜色）和 Intensity（强度），如图 B01-29 所示。其中各选项的具体介绍如下。

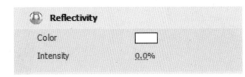

图 B01-29

◆ Color（颜色）：调整材质表面反射颜色，可以自定义反射色值；反射颜色与反射强度有直接关系，反射强度越高，材质表面反射的颜色越明显，如图 B01-30 所示。

图 B01-30

◆ Intensity（强度）：调整材质表面反射强度，如图 B01-31 所示。反射强度为 0% 时，材质表面不具备反射效果；反射强度越高，材质表面反射效果越强。

图 B01-31

5. Refraction（折射）

Refraction（折射）包括 Color（颜色）、Intensity（强度）和 Distortion(IoR)（畸变折射率），如图 B01-32 所示。其中各选项的具体介绍如下。

图 B01-32

◆ Color（颜色）：调整材质表面折射颜色，可以自定义折射色值。折射颜色与折射强度有直接关系，折射强度越高，材质表面折射的颜色越明显。为了区分反射和折射，可以将反射颜色调整为红色，折射颜色调整为蓝色，如图 B01-33 所示。

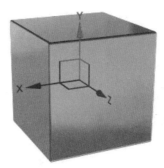

图 B01-33

◆ Intensity（强度）：调整材质表面折射强度，如图 B01-34 所示。折射强度为 0% 时，材质表面不具备折射效果；折射强度越高，材质表面折射效果越强。

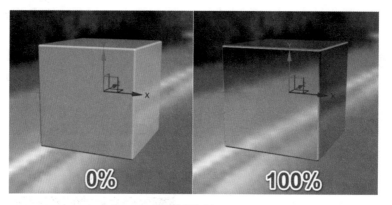

图 B01-34

◆ Distortion(IoR)（畸变折射率）：折射会产生畸变效果，该属性调节折射所产生的畸变强度，默认参数是 1.5，参数越小畸变效果越弱，反之参数越大畸变效果越强；如图 B01-35 所示，畸变参数为 1 时不具备折射效果，畸变参数为 3 时折射效果明显；畸变属性参数最大值为 10。

图 B01-35

6．Illumination（照明）

Illumination（照明）包括 Color（颜色）、Use Diffuse Color（使用漫射颜色）、Intensity（强度）、Fresnel（菲涅耳）和

Fresnel Bias（菲涅耳偏差），如图 B01-36 所示，效果如图 B01-37 所示。其中各选项的具体介绍如下。

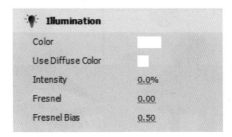

图 B01-36

图 B01-37

◆ Color（颜色）：调整材质照明颜色，可以自定义照明色值；照明颜色与照明强度有直接关系，照明强度越高，材质表面照明的颜色越明显。

◆ Use Diffuse Color（使用漫射颜色）：选择使用漫射颜色，此时照明效果会根据当前材质的漫射颜色和照明颜色叠加来展现，如图 B01-38 所示。照明颜色为黄色，材质漫射颜色为蓝色；选择使用漫射颜色后，根据三原色原理，此时的照明灯光为绿色，如图 B01-39 所示。

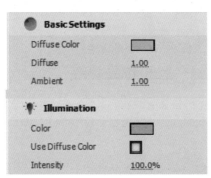

图 B01-38

图 B01-39

◆ Intensity（强度）：调整照明发光强度，如图 B01-40 所示。发光强度为 0% 时，材质表面不具备发光效果；发光强度越高，材质表面发光效果越强。

图 B01-40

◆ Fresnel（菲涅耳）：将照明发光效果边缘化，如图 B01-41 所示。

图 B01-41

◆ Fresnel Bias（菲涅耳偏差）：调节发光效果边缘化的发散程度。

7．Subsurface Scattering（次表面散射）

Subsurface Scattering（次表面散射）包括 Enable（启用）、Scatter Color（散射颜色）、Intensity（强度）、Scattering（散射）、Absorption Range（吸收范围）、Absorption Falloff（吸收衰减）和 Light Penetration（透光率），如图 B01-42 所示。其中各选项的具体介绍如下。

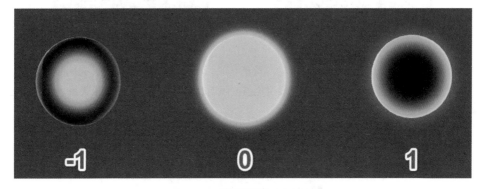

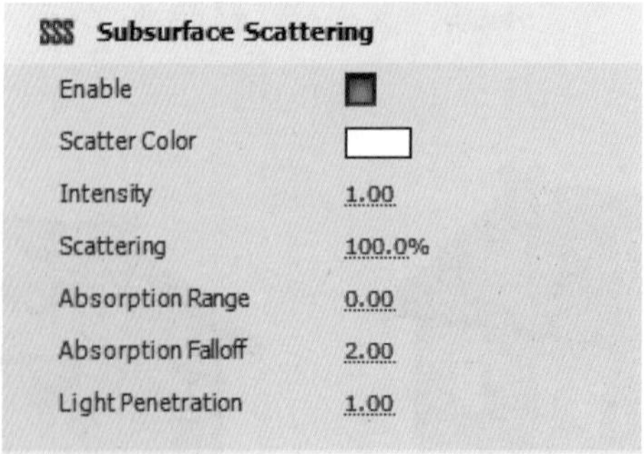

图 B01-42

◆ Enable（启用）：是否启用次表面散射，生成透光或不透明的材质效果，如图 B01-43 所示。使用此效果需要创建灯光，在合成中查看效果。

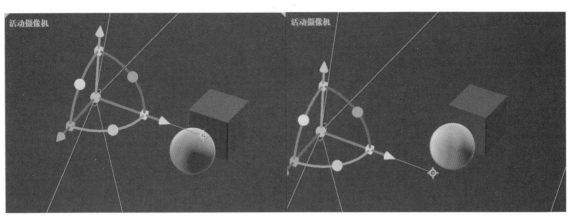

图 B01-43

◆ Scatter Color（散射颜色）：调整灯光照射物体时所散射的颜色。材质原本是绿色，启用【Subsurface Scattering（次表面散射）】后把【Scatter Color（散射颜色）】设置为红色，如图 B01-44 所示。材质受到灯光照射后会透红色的光，但材质本身是不透明的。

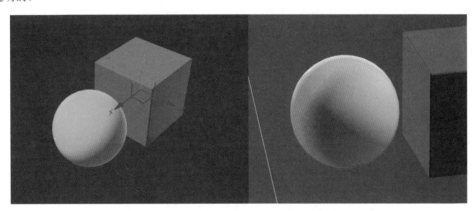

图 B01-44

◆ Intensity（强度）：调整材质的透光和散射强度。
◆ Scattering（散射）：调整材质透光后光在材质内的散射程度，如图 B01-45 所示。

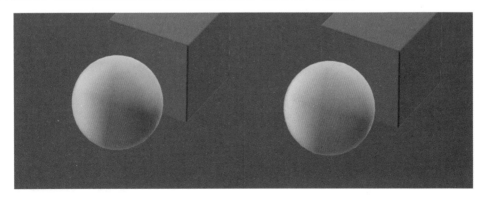

图 B01-45

◆ Absorption Range（吸收范围）：调整材质内部灯光吸收程度，当参数为 0 时，在【效果控件】中调节【Render Settings（渲染设置）】-【Subsurface Scattering（次表面散射）】-【Absorption（吸收参数）】是无效的。
◆ Absorption Falloff（吸收衰减）：调整材质内部光的吸收程度。
◆ Light Penetration（透光率）：调整次表面散射的透光率，例如，人的皮肤、蜡烛、玉石等材质在灯光的照射下会出现透光现象，如图 B01-46 所示。

图 B01-46

8．Wireframe（线框）

Wireframe（线框）包括 Enable（启用）、Width（宽度）、Fill Mode（填充模式）、Line Color（线条颜色模式）、Line Color（线条颜色）、Fog Influence（雾影响）、Fresnel（菲涅耳）、Fresnel Bias（菲涅耳偏移）和 Transfer Mode（叠加模式），如图 B01-47 所示。其中各选项的具体介绍如下。

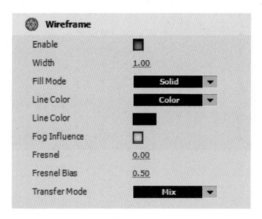

图 B01-47

◆ Enable（启用）：是否启用线框，如图 B01-48 所示。

图 B01-48

◆ Width（宽度）：调整线的宽度，参数越大，线框的线越宽，如图 B01-49 所示。

图 B01-49

◆ Fill Mode（填充模式）：线框的填充方式，包括 Solid（实体）和 Line Only（仅线条）两种。

　● Solid（实体）：线框和实体并存，如图 B01-50 所示。

　● Line Only（仅线条）：只有线条存在，如图 B01-51 所示。

 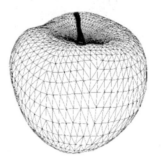

图 B01-50　　　　　　　　　　　　图 B01-51

◆ Line Color（线条颜色模式）：线条的颜色模式包括 Color（颜色）和 From Material（从模型）两类，如图 B01-52 所示。

　● Color（颜色）：线条颜色可以自定义色值。

　● From Material（从模型）：线条颜色根据模型色值决定。

图 B01-52

◆ Line Color（线条颜色）：自定义线条颜色，当【Line Color（线条颜色模式）】为【Color（颜色）】时，便可以在此根据自己喜好设置线条颜色，如图 B01-53 所示。

◆ Fog Influence（雾影响）：线框是否受到雾效果的影响。

◆ Fresnel（菲涅耳）：将线框效果边缘化，如图 B01-54 所示。

◆ Fresnel Bias（菲涅耳偏移）：调节 Fresnel 效果的发散程度。

◆ Transfer Mode（叠加模式）：线框的叠加模式包括 Mix（混合）、Screen（屏幕）、Add（相加）和 Multiply（正片叠底）四种。

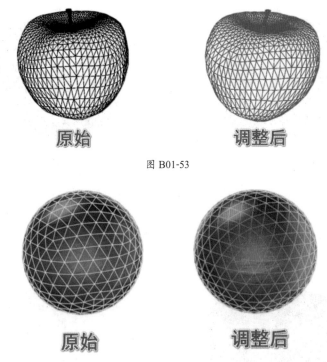

原始　　　　　　调整后

图 B01-53

原始　　　　　　调整后

图 B01-54

9. Advanced（高级）

Advanced（高级）包括 Blend Mode（混合模式）、Force Opacity（强制不透明度）、Alpha Threshold（Alpha 阈值）、Smoothing（平滑）、Visible to Camera（摄像机可见）、Visible to Reflections（反射可见）、Cast Shadow（投射阴影）、Receive Shadow（接收阴影）、AO Mode（环境吸收模式）、AO Amount（环境吸收发光量）、Matte Shadow（蒙版阴影）、Matte Reflection（蒙版反射）、Matte Alpha（蒙版 Alpha）、Invisible to AO/Glow（环境吸收 / 发光不可见）、Glow Amount（发光量）、Draw Backfaces（绘制背面）和 Two-Sided Lighting（双面照明），如图 B01-55 所示。其中各选项的具体介绍如下。

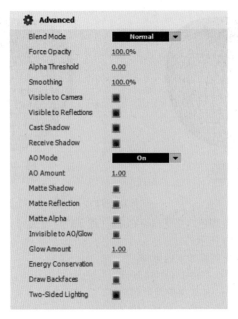

图 B01-55

◆ Blend Mode（混合模式）：材质的混合模式包括 Normal（正常）、Add（相加）和 Screen（屏幕）三种。
◆ Force Opacity（强制不透明度）：调整材质整体不透明度。
◆ Alpha Threshold（Alpha 阈值）：当材质贴图是不透明或半透明效果无法显现时，可通过调整 Alpha 阈值参数来实现。
◆ Smoothing（平滑）：调整材质表面平滑程度，参数越大表面越平整、光滑，反之参数越小表面越凹凸不平。
◆ Visible to Camera（摄像机可见）：选中该复选框时，模型可被摄像机显示；如图 B01-56 所示，当取消选中【Visible to Camera（摄像机可见）】复选框时，场景中的"苹果"消失，但"地面"的苹果反射存在。

图 B01-56

◆ Visible to Reflections（反射可见）：选中该复选框时，模型投影可显示；如图 B01-57 所示，当取消选中【Visible to Reflections（反射可见）】复选框时，场景中的"正方体"镜像表面反射消失但"球体"的反射存在。

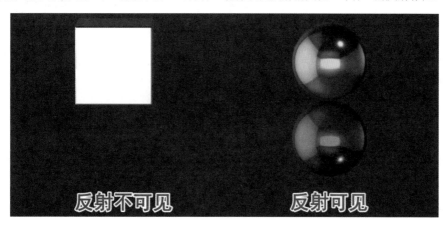

图 B01-57

◆ Cast Shadow（投射阴影）：调整模型是否投射阴影。
◆ Receive Shadow（接收阴影）：调整模型是否接收阴影。
◆ AO Mode（环境吸收模式）：调整模型环境光吸收模式，包括 On（开）、Ignore（忽略）和 Receive RTAO（接受 RTAO）。
◆ AO Amount（环境吸收发光量）：控制材质在开启环境吸收所产生阴影的发光量，具体的属性调节在【效果控制】-【Render Settings（渲染设置）】-【Ambient Occlusion（环境光吸收）】中。
◆ Matte Shadow（蒙版阴影）：调整模型是否启用蒙版阴影，具体的属性调节在【效果控件】-【Render Settings（渲染设置）】-【Matte Shadow（蒙版阴影）】中。
◆ Matte Reflection（蒙版反射）：调整模型是否启用蒙版反射。
◆ Matte Alpha（蒙版 Alpha）：调整模型是否启用蒙版 Alpha。
◆ Invisible to AO/Glow（环境吸收 / 发光不可见）：选中该复选框时，所生成的环境吸收效果不可显示；如图 B01-58 所示，当选中【Invisible to AO/Glow（环境吸收 / 发光不可见）】复选框时，场景中的环境吸收效果消失。

图 B01-58

◆ Glow Amount（发光量）：具体的属性调节在【效果控件】-【Render Settings（渲染设置）】-【Glow（发光）】中。

◆ Draw Backfaces（绘制背面）：模型分为正面和背面，默认是绘制正面，选中该复选框，调整模型时正面和背面将同时调整。

◆ Two-Sided Lighting（双面照明）：默认选中该复选框，开启照明效果时背景也会随之受到影响。

B01.3 Element 3D 模型编辑

　　Element 3D 场景界面中有 Model Browser（模型浏览器）窗口，应用模型后可以在此处调节模型预设；如果想要自定义基础模型和挤出模型，则需要在模型编辑中调整具体的模型设置，接下来讲解 Edit（编辑）中模型编辑的具体属性。

1. 模型

　　调整基础模型或挤出模型，如图 B01-59 ～ 图 B01-61 所示。

Box

Size XYZ	1.00, 1.00, 1.00
Size Segments	1, 1, 1
Chamfer	0.02
Chamfer Segments	3
No Smoothing	■

图 B01-59

Torus

Ring Radius 1	1.00
Ring Radius 2	0.50
Ring Segments	30
Sides	20
Twists	0
No Smoothing	■

图 B01-60

Extrusion

Custom Path	Custom Path 1
Bevel Copies	1
Offset Mode	Absolute
Separate Objects	■
Separation Mode	By Geometry
Auto Preset Scale	■
Bevel Scale	3.00
Real World Scale	■
Path Expand	0.00

图 B01-61

2. Transform（变换）

　　Transform（变换）包括Position XYZ（位置）、Scale（缩放）、Normalize Size（正常大小）、Orientation（旋转）、Flip（翻转）、Anchor Point XYZ（锚点）、Alignment（对齐），如图 B01-62 所示。其中各选项的具体介绍如下。

图 B01-62

- Position XYZ（位置）：模型的位置属性，调整模型在 X、Y、Z 轴方向上的移动参数。
- Scale（缩放）：模型的缩放属性，■工具用于调整模型是否等比缩放，解锁时可以单独调整模型在 X、Y、Z 轴方向上的缩放比例。
- Normalize Size（正常大小）：将模型调整为正常大小。
- Orientation（旋转）：模型的旋转属性，调整模型在 X、Y、Z 轴方向上的旋转角度。
- Flip（翻转）：使模型进行翻转；X 为模型的水平翻转，Y 为模型的垂直翻转，Z 为模型的前后翻转。
- Anchor Point XYZ（锚点）：模型的锚点属性，调整模型的锚点在 X、Y、Z 轴方向上的移动参数。
- Alignment（对齐）：调节模型锚点的对齐方式；分为 From Model（模型中心）、Model（模型）、Top（顶部）、Bottom（底部）、Front（前面）、Back（后面）、Left（左侧）和 Right（右侧），部分效果如图 B01-63 所示。

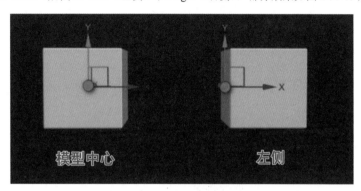

图 B01-63

3．Auxiliary Animation（辅助动画）

Auxiliary Animation（辅助动画）包括 Aux Channel（辅助通道）和 Animation Ratio（动画比例），如图 B01-64 所示。其中各选项的具体介绍如下。

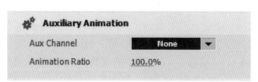

图 B01-64

- Aux Channel（辅助通道）：将画面中所需单独制作动画部分放置于通道内，可在【效果控件】中制作动画。有两种设置辅助通道的方法：方法一是选择所需模型，在【模型编辑】面板中选择【Aux Channel（辅助通道）】-【Channel 1（通道 1）】选项；方法二是选择所需模型单击鼠标右键，在弹出的快捷菜单中选择【Auxiliary Animation（辅助动画）】-【Channel 1（通道 1）】选项，如图 B01-65 所示。

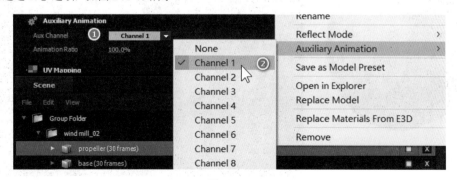

图 B01-65

- Animation Ratio（动画比例）：模型动画的完成效果。

4. UV Mapping（UV 贴图）

UV Mapping（UV 贴图）包括 Texture Mapping（纹理贴图）、UV Repeat（UV 重复）和 UV Offset（UV 偏移），如图 B01-66 所示。其中各选项的具体介绍如下。

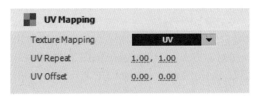

图 B01-66

◆ Texture Mapping（纹理贴图）：包含 UV、Box(Preserve Aspect)［方形（锁定比例）］、Box（方形）、Box Repeat(Preserve Aspect)［方形重复（锁定比例）］、Box Repeat（方形重复）、Sphere（球体）、Cylinder X Oriented（圆柱体朝向 X）、Cylinder Y Oriented（圆柱体朝向 Y）、Cylinder Z Oriented（圆柱体朝向 Z）、Plane XY（平面 XY）、Plane YZ（平面 YZ）、Plane XZ（平面 XZ）和 Polygon（多边形），如图 B01-67 所示。

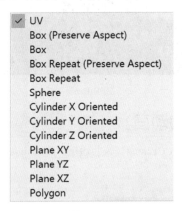

图 B01-67

◆ UV Repeat（UV 重复）和 UV Offset（UV 偏移）：与材质中的【Textures（纹理）】纹理通道设置一致，如图 B01-68 所示。

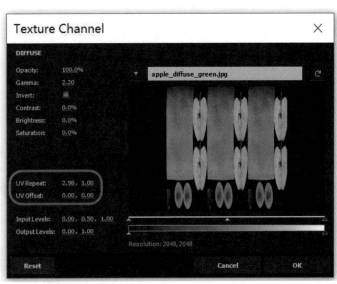

图 B01-68

5．Surface Options（表面选项）

    Surface Options（表面选项）包括 Normals（法线）、Normal Threshold（法线阈值）、Invert Normals（反转法线）、Edge Mode（边模式）、Subdivision Level（细分级别）和 Optimize Mesh（优化网格），如图 B01-69 所示。其中各选项的具体介绍如下。

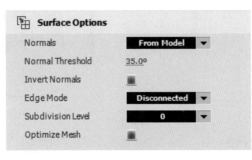

图 B01-69

◆ Normals（法线）：法线分为 From Model（从模型）、Auto Normals（自动法线）和 Dynamic (Deform)［动态（变形）］。

◆ Normal Threshold（法线阈值）：调整模型表面边缘的锋利程度；参数越小越锋利，反之参数越大越光滑，如图 B01-70 所示。

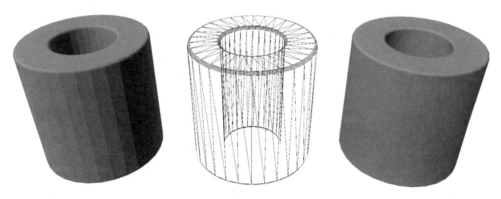

图 B01-70

◆ Invert Normals（反转法线）：将模型的可视部分反转，如图 B01-71 所示。

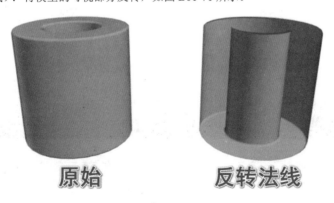

图 B01-71

◆ Edge Mode（边模式）：边模式分为 Disconnected（断开）和 Connected（连接）两种模式。

◆ Subdivision Level（细分级别）：细化模型法线，如图 B01-72 所示。

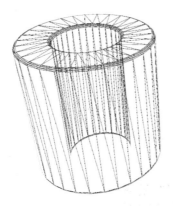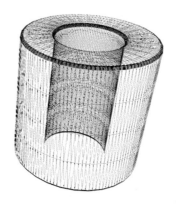

图 B01-72

◆ Optimize Mesh（优化网格）：优化网格信息，能占用更小内存，也能更快渲染。

6．Reflect Mode（反射模式）

Reflect Mode（反射模式）包括 Mode（模式）、Disable Environment（禁止环境贴图）、Render Self（渲染自身）、Reflect Offset（反射偏移）、Reflect Rotation（反射旋转）和 Mirror Clipoff（镜像裁剪），如图 B01-73 所示。其中各选项的具体介绍如下。

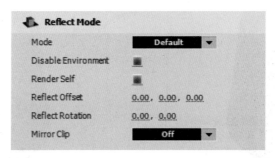

图 B01-73

◆ Mode（模式）：模型的反射模式分为 Default（默认）、Environment（环境）、Mirror Surface（镜像表面）和 Spherical（球面），如图 B01-74 所示。

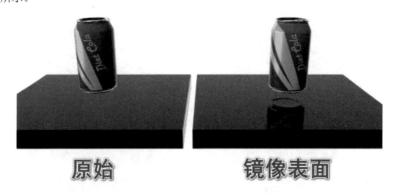

图 B01-74

◆ Disable Environment（禁止环境贴图）：选中该复选框，模型不受环境贴图所影响，如图 B01-75 所示。
◆ Render Self（渲染自身）：当选择【Group Folder】组时，把【Reflect Mode（反射模式）】-【Mode（模式）】设置为【Mirror Surface（镜像表面）】时，选中该复选框，模型可以渲染自身反射，如图 B01-76 所示。
◆ Reflect Offset（反射偏移）：调整反射效果在 X、Y、Z 轴方向上的偏移参数，如图 B01-77 所示。

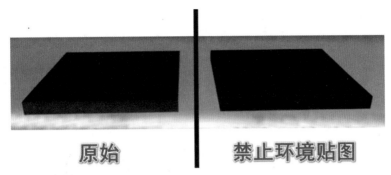

图 B01-75

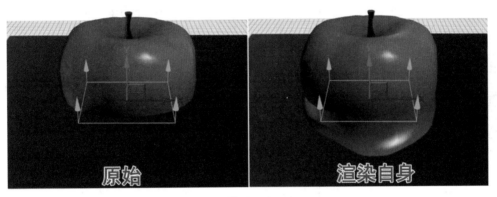

图 B01-76

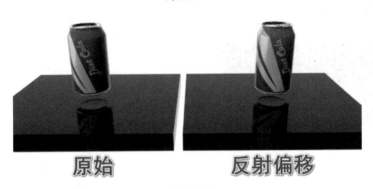

图 B01-77

◆ Reflect Rotation（反射旋转）：调整反射效果在 X、Y 轴方向上的旋转角度，如图 B01-78 所示。

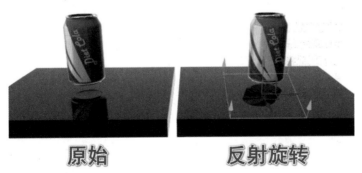

图 B01-78

◆ Mirror Clipoff（镜像裁剪）：镜像裁剪包括 Off（关）、Above Plane（偏上）和 Below Plane（偏下）。

7．Advanced（高级）

Advanced（高级）包括 Enable Deformation（启用变形）和 Enable Multi-Object（启用多重对象），如图 B01-79 所示。

当选中【Enable Deformation（启用变形）】和【Enable Multi-Object（启用多重对象）】复选框时，可在【效果控件】-【Group（群组）】-【Particle Look（粒子外观）】中进行调节。

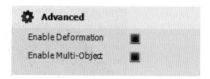

图 B01-79

B01.4　Element 3D 挤出对象

文字挤压工具需创建文字图层，选择"Element 3D"效果所在图层，在【效果控件】中选择【Custom Layers（自定义图层）】-【Custom Text and Masks（自定义文本和遮罩）】选项，选择【1.Element 3D】文本层，如图 B01-80 所示。

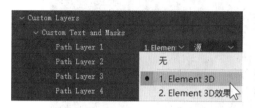

图 B01-80

在【Scene Interface（场景界面）】中双击【Scene Setup】按钮进入 Element 3D 插件界面，在界面中单击【EXTRUDE（挤出对象）】按钮 EXTRUDE，便可以将自定义文本和遮罩进行挤出，如图 B01-81 所示。

图 B01-81

与常规的模型编辑不同的是增加了 Extrusion（挤出）和 Tesselation（曲面细分）两个属性，如图 B01-82 和图 B01-83 所示。

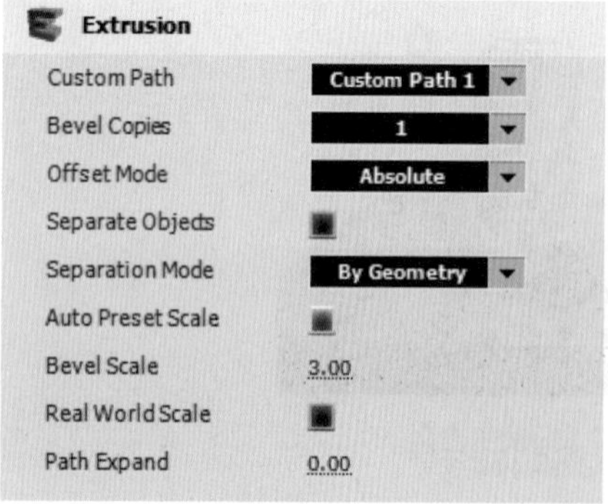

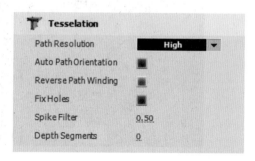

图 B01-83

在材质编辑上增加了 Bevel（倒角）和 Bevel Outline（倒角轮廓）两个属性，如图 B01-84 和图 B01-85 所示。

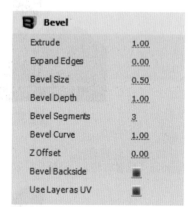

图 B01-84

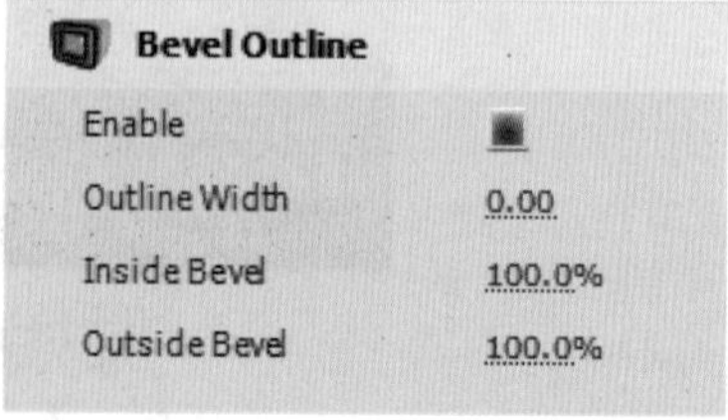

图 B01-82

图 B01-85

B01.5 Element 3D 粒子复制器

Group（群组）是 Scene（场景）中模型的分组，最多可以分 5 组，每组的属性设置都是一致的，接下来就对其中一组进行讲解，其中包含 Particle Replicator（粒子复制器）、Particle Look（粒子外观）、Aux Channels（辅助通道）和 Group Utilities（群组实用工具）。

1．Particle Replicator（粒子复制器）

Particle Replicator（粒子复制器）包括 Particle Count（粒子数量）、Replicator Shape（复制器形状）、Position XY（位置 XY）、Position Z（位置 Z）、Rotation（旋转）、Shape Options（外形选项）、Replicator Effects（复制器效果）和 Random Seed（随机种子），如图 B01-86 所示。其中各选项的具体介绍如下。

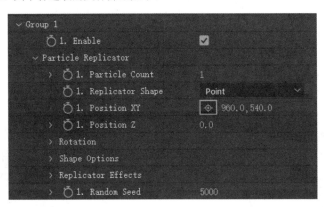

图 B01-86

◆ Particle Count（粒子数量）：调整粒子复制器中的粒子数量，一个模型就是一个粒子。
◆ Replicator Shape（复制器形状）：分为 Point（点）、3D Grid（3D 网格）、Plane（平面）、Sphere（球体）、Ring（环形）、Layer（图层）、3D Object（3D 对象）和 Layer Grid（图层网格），如图 B01-87 所示。

图 B01-87

◆ Position XY（位置 XY）：粒子的位置属性，调整模型在 X、Y 轴方向上的移动参数。
◆ Position Z（位置 Z）：粒子的位置属性，调整模型在 Z 轴方向上的移动参数。
◆ Rotation（旋转）：粒子的旋转属性，调整模型在 X、Y、Z 轴方向上的旋转角度。
◆ Shape Options（外形选项）：其主要包括 Particle Order（粒子顺序）、Particle Repeat（粒子重复）、Particle Offset（粒子偏移）、Custom Layer（自定义图层）、Layers（图层）、Layers Offset（图层偏移）、Layers Distribution（图层分布）、Distribution（分布）、Automatic Bias（自动偏差）和 Rows（行数），如图 B01-88 所示。其中各选项的具体介绍如下。

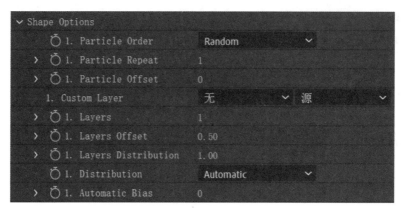

图 B01-88

● Particle Order（粒子顺序）：包括 Forward（向前）、Backwards（向后）、Mirror（镜像）和 Random（随机）。

● Particle Repeat（粒子重复）：每个粒子在序列中出现的次数，如图 B01-89 所示，默认左侧为粒子重复数量 1，右侧为粒子重复数量 5，可以看出有 3 种粒子，每个粒子重复 5 次。

图 B01-89

● Particle Offset（粒子偏移）：调整粒子位置顺序，向前或向后移动粒子；正数为向前移动，负数为向后移动，如图 B01-90 所示。

图 B01-90

● Custom Layer（自定义图层）：当【Replicator Shape（复制器形状）】选择为【Layer（图层）】和【Layer Grid（图层网格）】时会激活此选项。

● Layers（图层）：会根据图层数量分布粒子，例如，当前【Particle Count（粒子数量）】参数为 9，图层调整为 3 时会每个图层上 3 个粒子；图层调整为 4 时会出现有的图层 2 个粒子，有的图层 3 个粒子，但总的粒子数量为 9，如图 B01-91 所示。

● Layers Offset（图层偏移）：调节图层间隙，向前或向后移动图层；正数为向后移动，负数为向前移动，如图 B01-92 所示。

图 B01-91

原始 调整后

图 B01-92

● Layers Distribution（图层分布）：调节粒子在图层的分布，如图 B01-93 所示。

原始 调整后

图 B01-93

● Distribution（分布）：图层粒子的分布方式分为 Automatic（自动）和 Set Rows（设置行数），如图 B01-94 所示。

自动 设置行数

图 B01-94

- Automatic Bias（自动偏差）：随机调整图层分布，当【Distribution（分布）】为【Automatic（自动）】时激活此属性，如图 B01-95 所示。

图 B01-95

- Rows（行数）：设置粒子行数，当【Distribution（分布）】为【Set Rows（设置行数）】时激活此属性，如图 B01-96 所示。

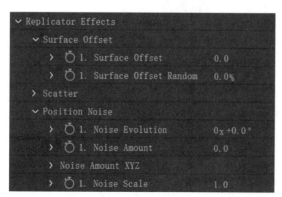

图 B01-96

◆ Replicator Effects（复制器效果）：其主要包括 Surface Offset（表面偏移）、Scatter（散射）和 Position Noise（噪波位置），如图 B01-97 所示。其中各选项的具体介绍如下。

```
˅ Replicator Effects
  ˅ Surface Offset
    > Ŏ 1. Surface Offset          0.0
    > Ŏ 1. Surface Offset Random   0.0%
  > Scatter
  ˅ Position Noise
    > Ŏ 1. Noise Evolution         0x +0.0°
    > Ŏ 1. Noise Amount            0.0
    > Noise Amount XYZ
    > Ŏ 1. Noise Scale             1.0
```

图 B01-97

- Surface Offset（表面偏移）：将粒子随机进行偏移，如图 B01-98 所示。

图 B01-98

- Scatter（散射）：向四周进行发散，如图 B01-99 所示。

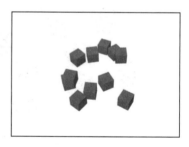

图 B01-99

- Position Noise（噪波位置）：使粒子随机打乱，如图 B01-100 所示。

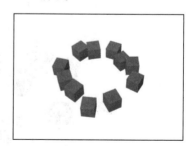

图 B01-100

◆ Random Seed（随机种子）：调整粒子的紊乱效果，调整模型在 X、Y、Z 轴方向上随机紊乱。

2．Particle Look（粒子外观）

Particle Look（粒子外观）包括 Particle Size（粒子大小）、Particle Size Random（粒子大小随机）、Particle Size XYZ（粒子大小 XYZ）、Particle Rotation（粒子旋转）、Color Tint（颜色色彩）、Force Opacity（强制不透明度）、Baked Animation（烘焙动画）、Multi-Object（多重对象）和 Deform（变形），如图 B01-101 所示。其中各选项的具体介绍如下。

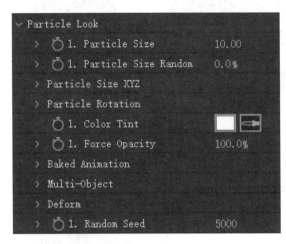

图 B01-101

（1）Particle Size（粒子大小）：调整所有粒子缩放参数，如图 B01-102 所示。

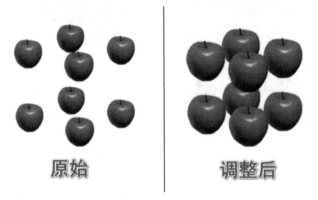

图 B01-102

（2）Particle Size Random（粒子大小随机）：调整粒子缩放的随机性，使粒子大小有更多变化，如图 B01-103 所示。

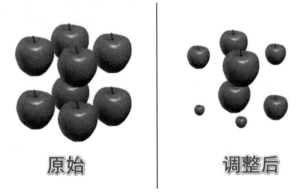

图 B01-103

（3）Particle Size XYZ（粒子大小 XYZ）：调整粒子在 X、Y、Z 轴方向上的比例大小，如图 B01-104 所示。

图 B01-104

（4）Particle Rotation（粒子旋转）：调整粒子在 X、Y、Z 轴方向上的旋转角度，包含 Orientation（朝向）、X/Y/Z Rotation Particle（X/Y/Z 旋转粒子）、Rotation Random（旋转随机）、Rotation Random XYZ（旋转随机 XYZ），如图 B01-105 所示。其中各选项的具体介绍如下。

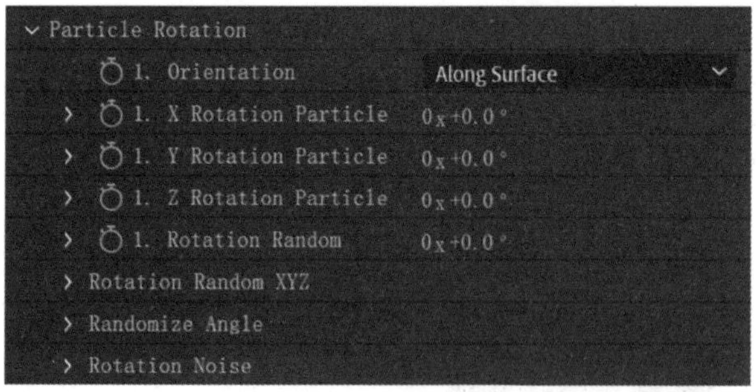

图 B01-105

◆ Orientation（朝向）：粒子朝向模式，如图 B01-106 所示。

  ◉ Along Surface（沿着表面）：根据内部模型的方向。
  ◉ Face Camera（面对摄像机）：根据摄像机的方向。
  ◉ Fixed（固定）：根据常规的 X、Y、Z 轴方向。

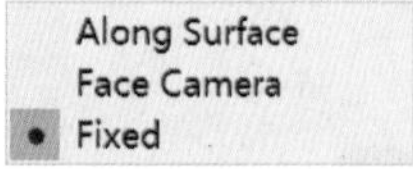

Along Surface
Face Camera
● Fixed

图 B01-106

◆ X/Y/Z Rotation Particle（X/Y/Z 旋转粒子）：调整粒子的旋转属性，调整模型在 X、Y、Z 轴方向上统一的旋转角度。

◆ Rotation Random（旋转随机）：调整粒子旋转的随机性，使粒子的旋转角度有更多变化。

◆ Rotation Random XYZ（旋转随机 XYZ）：调整粒子的旋转属性，调整模型在 X、Y、Z 轴方向上随机的旋转角度。

（5）Color Tint（颜色色彩）：调整材质颜色，可以自定义色值使颜色叠加，如图 B01-107 所示。

图 B01-107

（6）Force Opacity（强制不透明度）：调整粒子不透明度参数，如图 B01-108 所示。

图 B01-108

（7）Baked Animation（烘焙动画）：包含 Loop Mode（循环模式）、Playback Speed（回放速度）、Frame Offset（帧偏移）和 Frame Offset Random（帧偏移随机），如图 B01-109 所示。其中各选项的具体介绍如下。

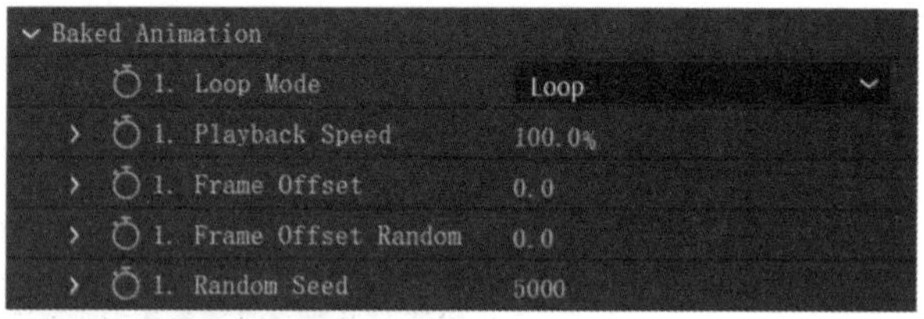

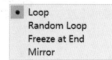

图 B01-109

◆ Loop Mode（循环模式）：粒子模型自带动画时可调整动画循环模式，如图 B01-110 所示。

● Loop
Random Loop
Freeze at End
Mirror

图 B01-110

◉ Loop（循环）：根据模型的动画进行循环。

- ● Random Loop（随机循环）：根据模型的动画进行随机循环。
- ● Freeze at End（冻结在结束）：完成循环后在最后一帧冻结。
- ● Mirror（镜像）：根据模型的动画进行倒放循环。
◆ Playback Speed（回放速度）：调节模型动画的播放速度。
◆ Frame Offset（帧偏移）：调节模型动画播放的帧画面，向前或向后移动帧画面；正数为向后移动，负数为向前移动。
◆ Frame Offset Random（帧偏移随机）：随机调节模型动画播放的帧画面，使粒子动画有更多变化。
（8）Multi-Object（多重对象）：可将模型进行分离和拆分，如图 B01-111 所示。

图 B01-111

（9）Deform（变形）：使模型变形，包括 Taper（锥化）、Twist（扭曲）、Bend（弯曲）、Noise（噪波）和 Deform Offset（变形偏移），如图 B01-112 所示。

图 B01-112

3. Aux Channels（辅助通道）

　　一个分组内最多有 10 个辅助通道，即 Channels 1 ～ 10（通道 1 ～ 10），如图 B01-113 所示。可对辅助通道内模型的 Position（位置）、Scale（缩放）、Rotation（旋转）和 Force Opacity（强制不透明度）基本属性进行调整。Uy Offset U（UV 偏移 U）和 Uty Offset V（UV 偏移 V）是对模型的纹理贴图进行调整，如图 B01-114 所示。单击【Reset（重置）】按钮可将【Aux Channels（辅助通道）】的所有设置还原。

图 B01-113

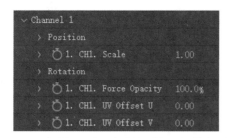

图 B01-114

4．Group Utilities（群组实用工具）

Group Utilities（群组实用工具）包含 Copy/Paste Group

（复制/粘贴组）和 Create Group Null（创建空组），如图 B01-115
所示。

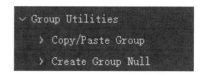

图 B01-115

- Copy/Paste Group（复制/粘贴组）：包括 Copy（复制）、
Paste（粘贴）和 Reset（重置）。
- Create Group Null（创建空组）：包括 Create（创建）、
Delete（删除）和 Unlink（解除链接）。

B01.6 Element 3D 效果控件

　　B01.5 节讲解了模型分组中的模型粒子复制器，本节讲解 Element 3D 效果控件，主要属性包括 Animation Engine（动画
引擎）、World Transform（世界变换）、Custom Layers（自定义图层）等。其中各选项的具体介绍如下。

1．Animation Engine（动画引擎）

　　Animation Engine（动画引擎）包含 Enable（启用）、
Group Selection（组选择）、Animation Type（动画类型）、
Animation（动画）、Smoothness（平滑度）、Randomness（随
机性）、Ease Type（缓动类型）、Group Direction（组方向）、
Particle Count From（粒子计数从）、Deform From（变形从）、
Disconnect Multi-Object（断开多重对象）、Directional Options
（定向选项）、Dual Animation Mode（双层动画模式）和 Time
Delay（时间延迟），如图 B01-116 所示。其中各选项的具体
介绍如下。

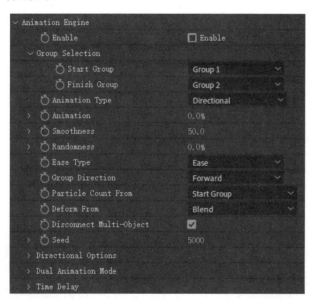

图 B01-116

- Enable（启用）：是否开启动画引擎。
- Group Selection（组选择）：选择 Start Group（开始组）
和 Finish Group（结束组），可在 Group 1～5 内自定义
群组。
- Animation Type（动画类型）：包括 Uniform（统一）、
Directional（定向）、Radial（径向）、Random（随机）
和 Shape Order（形状顺序），如图 B01-117 所示。

图 B01-117

- Animation（动画）：从开始组到结束组的演变，如
图 B01-118 所示。

图 B01-118

- Smoothness（平滑度）：从开始到结束的演变。
- Randomness（随机性）：随机调节动画效果，使动画有
更多变化。
- Ease Type（缓动类型）：类似于关键帧插值，分为 Off
（关）、Ease（缓动）、Ease-In（淡入）和 Ease-Out（淡

出），如图 B01-119 所示。

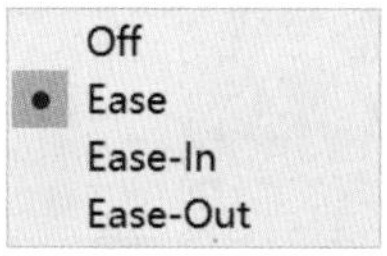

图 B01-119

◆ Group Direction（组方向）：动画组的方向，如图 B01-120
所示。

● Forward（向前）：动画由开始组至结束组。
● Backwards（向后）：动画由结束组至开始组。

图 B01-120

◆ Particle Count From（粒子计数从）：根据开始组或结束
组的粒子数量来决定动画的起始粒子数量，如图 B01-121
所示。

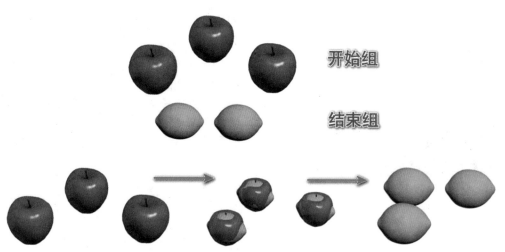

图 B01-121

◆ Deform From（变形从）：选择动画变形效果，分为
Blend（混合）、Start Group（开始组）和 Finish Group
（结束组），如图 B01-122 所示。

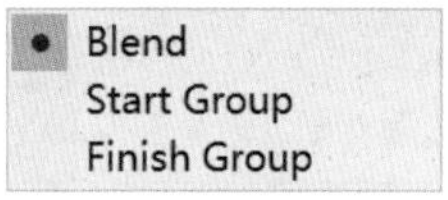

Blend
Start Group
Finish Group

图 B01-122

◆ Disconnect Multi-Object（断开多重对象）：当【Group
（群组）】内使用了【Multi-Object（多重对象）】效果，
选中该复选框可以取消多重对象效果。
◆ Directional Options（定向选项）：调节定向细节。
◆ Dual Animation Mode（双层动画模式）：在动画的基础
上更富有变化。
◆ Time Delay（时间延迟）：调整主体的整体柔和度。

2．World Transform（世界变换）

World Transform（世界变换）包含 World Position XY
（世界位置 XY）、World Position Z（世界位置 Z）、World
Anchor Point XY（世界锚点 XY）、World Anchor Point Z（世
界锚点 Z）、World Scale（世界缩放）、World Rotation（世界
旋转）、Exclude Groups（排除组）和 Create World Transform

Null（创建世界变换空对象），如图 B01-123 所示。其中各
选项的具体介绍如下。

图 B01-123

◆ World Position XY（世界位置 XY）：调节整体位置，调
整整体在 X、Y 轴方向上的移动参数。
◆ World Position Z（世界位置 Z）：调节整体位置，调整
整体在 Z 轴方向上的移动参数。
◆ World Anchor Point XY（世界锚点 XY）：调节整体锚
点位置，调整整体锚点在 X、Y 轴方向上的移动参数。
◆ World Anchor Point Z（世界锚点 Z）：调节整体锚点位
置，调整整体锚点在 Z 轴方向上的移动参数。

- World Scale（世界缩放）：调节整体缩放比例，调整整体在 X、Y、Z 轴方向上的缩放比例。
- World Rotation（世界旋转）：调节整体旋转角度，调整整体在 X、Y、Z 轴方向上的旋转角度。
- Exclude Groups（排除组）：选中该复选框时不受世界变化影响。
- Create World Transform Null（创建世界变换空对象）：分为 Create（创建）、Delete（删除）和 Unlink（解除链接）。

3．Custom Layers（自定义图层）

Custom Layers（自定义图层）包含 Custom Text and Masks（自定义文本和遮罩）和 Custom Texture Maps（自定义纹理贴图），如图 B01-124 所示。其中各选项的具体介绍如下。

图 B01-124

- Custom Text and Masks（自定义文本和遮罩）：可自定义文本和蒙版，最多可添加 15 个，在 Path Layer（路径图层）中可选择带有蒙版或文本图层，如图 B01-125 所示。

图 B01-125

- Custom Texture Maps（自定义纹理贴图）：可自定义纹理贴图，最多可添加 10 个，在 Layer（图层）中可选择自定义纹理贴图效果，如图片或合成制作流动光效，如图 B01-126 所示。还可以设置 Sampling Layer（采样图层）的时间，包括 Current Time（当前时间）、First Frame（第一帧）和 Random Time（随机时间），如图 B01-127 所示。效果如图 B01-128 所示。

图 B01-126

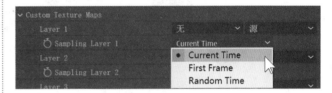

图 B01-127

图 B01-128

4．Utilities（实用工具）

合成中 Element 3D 世界轴通过旋转模型会有所更改，单击【Create 3D Null（创建三维空对象）】选项可创建一个三维空对象，通过调整空对象 Element 3D 也会随之进行变换。Utilities（实用工具）包含 Generate 3D Position（生成 3D 位置）、Group Export（群组导出）和 Reset（重置），如图 B01-129 所示。其中各选项的具体介绍如下。

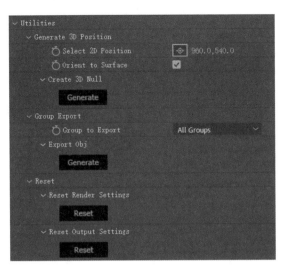

图 B01-129

- ◆ Generate 3D Position（生成 3D 位置）：包括 Select 2D Position（选择 2D 位置）、Orient to Surface（面向表面）和 Create 3D Null（创建 3D 空对象）。
- ◆ Group Export（群组导出）：包括 Group to Export（导出群组）和 Export Obj（导出 obj），单击【Generate（生成）】按钮可将分组内的模型导出为 .obj 文件。
- ◆ Reset（重置）：分为 Reset Render Settings（重置渲染设置）和 Reset Output Settings（重置输出设置）。

5. Render Settings（渲染设置）

　　Render Settings（渲染设置）是对 Element 3D 场景界面中材质和模型进行更加精细的调整，Render Settings（渲

染设置）包含 Physical Environment（物理环境）、Lighting（灯光）、Shadows（阴影）、Subsurface Scattering（次表面散射）、Ambient Occlusion（环境光吸收）、Matte Shadow（蒙版阴影）、Reflection（反射）、Fog（雾）、Motion Blur（运动模糊）、Depth of Field（景深）、Glow（发光）、Ray-Tracer（光线追踪）、Camera Cut-off（摄像机截止）和 Render Order（渲染顺序），如图 B01-130 所示。下面将具体讲解 Render Settings（渲染设置）中各选项的具体作用。

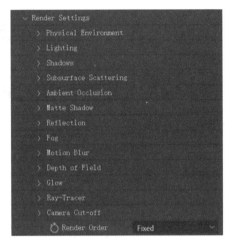

图 B01-130

　　（1）Physical Environment（物理环境）：包含 Exposure（曝光）、Gamma（伽马）、Tint（色彩）、Lighting Influence（灯光影响）、Override Layer（覆盖图层）、Show in BG（在背景显示）和 Rotate Environment（旋转环境），如图 B01-131 所示。其中各选项的具体介绍如下。

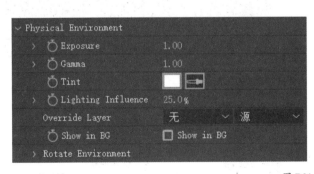

图 B01-131

- ◆ Exposure（曝光）：调节整体曝光度。
- ◆ Gamma（伽马）：调节像素间的明暗对比。
- ◆ Tint（色彩）：为整体叠加色彩。
- ◆ Lighting Influence（灯光影响）：灯光环境对模型的影响。
- ◆ Override Layer（覆盖图层）：将图层颜色叠加在模型上，例如，自定义纹理中的环境贴图。
- ◆ Show in BG（在背景显示）：是否在背景中打开或关闭环境贴图。
- ◆ Rotate Environment（旋转环境）：调节环境旋转角度，调整环境在 X、Y、Z 轴方向上的旋转角度。

　　（2）Lighting（灯光）：对 Element 3D 场景添加灯光或者灯光预设，Lighting（灯光）包含 Use Comp Lights（使用合成灯光）、Light Falloff（灯光衰减）、Add Lighting（添加灯光）和 Additional Lighting（附加灯光），如图 B01-132 所示，效果如

图 B01-133 所示。其中各选项的具体介绍如下。

图 B01-132

图 B01-133

◆ Use Comp Lights（使用合成灯光）：选中该复选框，使模型受到合成中灯光的影响。

◆ Light Falloff（灯光衰减）：调整灯光衰减程度，在默认情况下，所有光源都存在灯光的无限衰减。调整此属性可以自定义灯光的衰减程度，使照明效果更加自然。

◆ Add Lighting（添加灯光）：可以选择照明预设直接使用，有 12 种不同的照明预设，分别是 None（无）、Single Light（单一灯光）、Clean Blue（消除蓝色）、Warm（暖光）、Spot（点光）、Spot Blue（点光蓝色）、Sun（太阳光）、Sun Set（日落）、Basic（基本）、Dramatic（剧烈）、Cinema（电影）、Stylized（风格化）、360、Product（产品）、Aqua（浅绿色）、Underwater（水下）、Natural（自然）、Dark（深色）、Red（红色）、100 Ambient（100 环境）和 SSS（次表面散射），如图 B01-134 所示，效果如图 B01-135 所示。

None
Single Light
Clean Blue
Warm
Spot
Spot Blue
Sun
Sun Set
Basic
Dramatic
Cinema
Stylized
360
Product
Aqua
Underwater
Natural
Dark
Red
100 Ambient
SSS

图 B01-134

图 B01-135

◆ Additional Lighting（附加灯光）：可以调整灯光的亮度和角度。

- ● Brightness Multiplier（亮度倍增）：调整照明预设的整理亮度。
- ● Rotation（旋转）：调整预设灯光在 X、Y、Z 轴方向上的旋转角度。

（3）Shadows（阴影）：添加阴影可以使 Element 3D 场景更真实，Shadows（阴影）包含 Enable（启用）、Shadow Mode（阴影模式）和 Shadow Maps（阴影贴图），如图 B01-136 所示，效果如图 B01-137 所示。其中各选项的具体介绍如下。

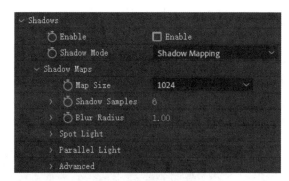

图 B01-136

图 B01-137

◆ Enable（启用）：是否产生阴影。

◆ Shadow Mode（阴影模式）：包括 Shadow Mapping（阴影贴图）和 Ray-Traced（光线追踪），如图 B01-138 所示。

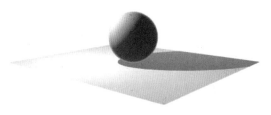

图 B01-138

◆ Shadow Maps（阴影贴图）：可以对阴影贴图进行调节，包含 Map Size（贴图大小）、Shadow Samples（阴影采样）、Blur Radius（模糊半径）、Spot Light（聚光灯）、Parallel Light（平行光）和 Advanced（高级）。

◆ Ray-Traced Shadows（光线追踪阴影）：可以对阴影贴图的质量进行调节，如图 B01-139 所示，包含 RT Shadows Samples（RT 阴影采样）和 RT Shadows Multisampling（RT 阴影多重采样）。

图 B01-139

（4）Subsurface Scattering（次表面散射）：对常见的人的皮肤、玉石等透光不透明的次表面材质进行更加精细的调整。Subsurface Scattering（次表面散射）包含 Enable（启用）、Samples（采样）、Intensity（强度）、Scattering（散射）、Absorption（吸收）、Falloff（衰减）、Light Blending（光混合）、Depth Bias（深度偏移）和 Light Color Tint（光颜色色彩），如图 B01-140 所示。其中各选项的具体介绍如下。

![图 B01-140 Subsurface Scattering 参数面板]

图 B01-140

◆ Enable（启用）：是否启用次表面散射。
◆ Samples（采样）：采样值越大，所生成的次表面散射效果越精细。
◆ Intensity（强度）：调整材质的透光和散射强度。
◆ Scattering（散射）：调整材质透光后光在材质内的散射程度。
◆ Absorption（吸收）：调整材质内部灯光的吸收程度。
◆ Falloff（衰减）：调整材质内部光的吸收程度。
◆ Light Blending（光混合）：灯光与材质的混合程度，如

图 B01-141 所示。

图 B01-141

◆ Depth Bias（深度偏移）：调整灯光的照射深度，如图 B01-142 所示。

图 B01-142

◆ Light Color Tint（光颜色色彩）：调整次表面散射效果对灯光的色彩融合程度，当灯光调整为紫色时，材质会反射出灯光的颜色，如图 B01-143 所示。

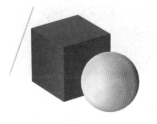

图 B01-143

（5）Ambient Occlusion（环境光吸收）：环境光吸收是对模型相接处或模型本身所产生的阴影进行更加精细的调整，使阴影效果更加真实。Ambient Occlusion（环境光吸收）包含 Enable AO（启用 AO）、AO Mode（AO 模式）、SSAO（屏幕空间环境光遮挡）、Adaptive Blur（自适应模糊）和 Advanced Options（高级选项），如图 B01-144 所示。其中各选项的具体介绍如下，效果如图 B01-145 所示。

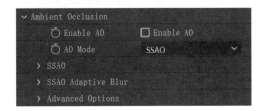

图 B01-144

图 B01-145

◆ Enable AO（启用 AO）：打开或者关闭环境光遮挡效果，调节模型间阴影的遮挡关系，使画面更加真实。

◆ AO Mode（AO 模式）：包含 SSAO（屏幕空间环境光遮挡）和 Ray-Traced（光线追踪），常用的是 SSAO 模式。

◆ SSAO（屏幕空间环境光遮挡）：包含 Quality Preset（质量预设）、Color（颜色）、Color Mode（颜色模式）、Intensity（强度）、Samples（采样）、Multisampling（多重采样）、Radius（半径）、Distribution（分布）、Gamma（伽马）和 Contrast（对比度），如图 B01-146 所示。其中各选项的具体介绍如下。

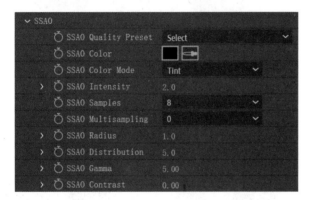

图 B01-146

○ Quality Preset（质量预设）：包含 Select（选择）、Fast（快速）、Medium（中等）、High（高）和 Ultra（Slower）[超高（慢）]，如图 B01-147 所示。

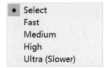

图 B01-147

○ Color（颜色）：可以在此根据自己喜好设置环境光遮挡的颜色样式。

○ Color Mode（颜色模式）：颜色模式分为 Tint（着色）和 Color（颜色）两种。

○ Intensity（强度）：调整环境遮挡模拟的软阴影强度。

○ Samples（采样）：调整环境遮挡模拟的软阴影采样率。

○ Multisampling（多重采样）：在采样的基础上调整环境遮挡模拟的软阴影采样率。

○ Radius（半径）：调整环境遮挡模拟的软阴影的着色距离，使着色更紧密或更宽松。

○ Distribution（分布）：调整环境遮挡模拟的软阴影的分布。

○ Gamma（伽马）：调整环境遮挡的整体亮度。

○ Contrast（对比度）：调整环境遮挡的整体对比度。

◆ Adaptive Blur（自适应模糊）：可以对遮挡阴影进行调节；包含 Blur Intensity（模糊强度）、Blur Blend（模糊混合）、Mask Multisampling（遮罩多重采样）、Normal Threshold（正常阈值）、Z Threshold（Z 阈值）和 Darken Pass（暗通道），如图 B01-148 所示。

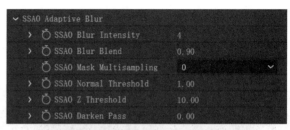

图 B01-148

◆ Advanced Options（高级选项）：调整渲染设置中其余属性对 SSAO 或 Ray-Traced 的影响；包含 FXAA（快速近似抗锯齿）、Cut-off（截止）、Bias（偏移）、AO Light Influence（光影响）、AO Depth Influence（深度影响）、AO Fog Influence（雾影响）、AO Illumination Influence（照明影响）和 Matte Intensity（蒙版强度），如图 B01-149 所示。

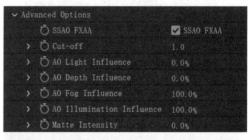

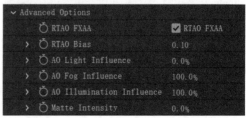

图 B01-149

（6）Matte Shadow（蒙版阴影）：包含 Enable（启用）、Shadow Opacity（阴影不透明度）、Shadow Tint（阴影着色）和 Affect Lighting（影响照明），如图 B01-150 所示。其中各选项的具体介绍如下。

图 B01-150

◆ Enable（启用）：是否启用蒙版阴影，启用时要选中【材质编辑】-【Advanced（高级）】-【Matte Shadow（蒙版阴影）】复选框，会将"地面"隐藏做空白的地面阴影，如图 B01-151 所示。

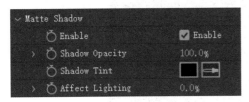

图 B01-151

◆ Shadow Opacity（阴影不透明度）：调整阴影不透明度参数。

◆ Shadow Tint（阴影着色）：调整阴影颜色色值。

◆ Affect Lighting（影响照明）：阴影受到灯光影响的程度。

（7）Reflection（反射）：包含 Enable Mirror Surface（启用镜像表面）、Enable Spherical（启用球形面）、Spherical Map Resolution（球形面贴图分辨率）和 Mirror Surface Quality（镜像表面质量），如图 B01-152 所示，效果如图 B01-153 所示。其中各选项的具体介绍如下。

◆ Enable Mirror Surface（启用镜像表面）：是否启用镜像表面。

◆ Enable Spherical（启用球形面）：是否启用球形面。

◆ Spherical Map Resolution（球形面贴图分辨率）：参数越高则反射越清晰。

图 B01-152

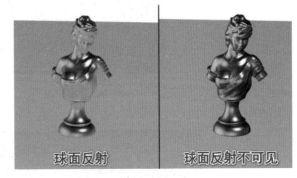

图 B01-153

◆ Mirror Surface Quality（镜像表面质量）：调整镜像反射表面的质量，默认为 Normal（标准）模式，还可调整为 High（高）模式。

（8）Fog（雾）：模拟真实环境中雾天的效果，Fog（雾）包含 Enable Fog（启用雾）、Fog Color（雾颜色）、Fog Opacity（雾不透明度）、Fog Start Distance（雾起始距离）、Fog Range（雾范围）和 Fog Falloff Type（雾衰减类型），如图 B01-154 所示，效果如图 B01-155 所示。其中各选项的具体介绍如下。

图 B01-154

图 B01-155

◆ Enable Fog（启用雾）：模拟现实中的起雾效果，使雾浓度在 Z 方向上具有深度不一的距离感，如图 B01-156 所示。

图 B01-156

◆ Fog Color（雾颜色）：可以在此根据自己的喜好设置雾的颜色样式，如图 B01-157 所示。

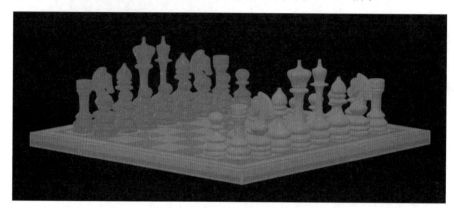

图 B01-157

◆ Fog Opacity（雾不透明度）：设置雾效果的整体不透明度。如图 B01-158 所示，为了区分得更加明显，将【Fog Color（雾颜色）】设置为红色，左侧为 30% 的不透明度，右侧为 100% 的不透明度。

图 B01-158

◆ Fog Start Distance（雾起始距离）：调整雾效果在 Z 方向上的起始位置。如图 B01-159 所示，为了区分得更加明显，将【Fog Color（雾颜色）】设置为红色，可以观察到参数越小，雾效果的起始位置越靠前。

◆ Fog Range（雾范围）：调整雾效果的边缘羽化程度。如图 B01-160 所示，为了区分得更加明显，将【Fog Color（雾颜色）】设置为红色，可以观察到参数越大，雾效果的边缘越柔和。

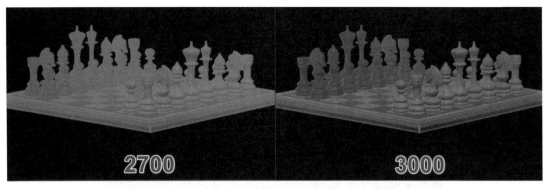

图 B01-159

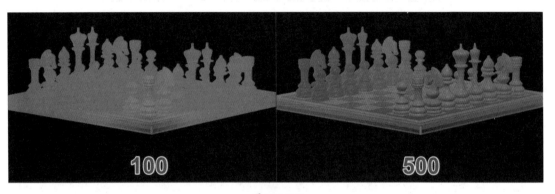

图 B01-160

◆ Fog Falloff Type（雾衰减类型）：包含 Linear（线性）、Exponential（指数）和 Taper（锥度），如图 B01-161 所示。

图 B01-161

（9）Motion Blur（运动模糊）：在真实环境中物体在快速移动时会产生 0.1 ～ 0.4s 视觉暂留，这个就叫作运动模糊。其中包含 Motion Blur（运动模糊）和 Motion Blur Samples（运动模糊采样），如图 B01-162 所示，效果如图 B01-163 所示。其中各选项具体介绍如下。

图 B01-162

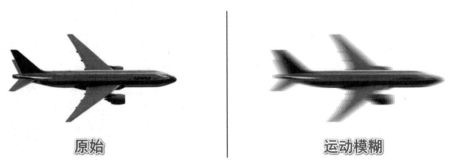

图 B01-163

◆ Motion Blur（运动模糊）：可以选择 Off（关闭）、Comp Settings（合成设置）和 On（打开）三种模式，选择【Comp Settings（合成设置）】选项时可在【合成设置】-【高级】中自定义运动模糊效果。

◆ Motion Blur Samples（运动模糊采样）：调整运动模糊程度。

（10）Depth of Field（景深）：开启"摄像机"景深产生近实远虚的效果，Depth of Field（景深）包含 Depth of Field（景深）、DOF Mode（景深模式）、DOF Max Radius（景深最大半径）和 DOF Radius Multiplier（景深半径倍增），如图 B01-164 所示，效果如图 B01-165 所示。其中各选项具体介绍如下。

图 B01-164

图 B01-165

◆ Depth of Field（景深）：可以选择 Off（关闭）和 Comp Settings（合成设置）两种模式。

◆ DOF Mode（景深模式）：包含 Preview Blur（预览模糊）、Continuous Blur（连续模糊）、Pixel Blur（像素模糊）、Multi Pass (Slower)［多通道（慢）］和 Focus Indicator（焦点指示器），如图 B01-166 所示。

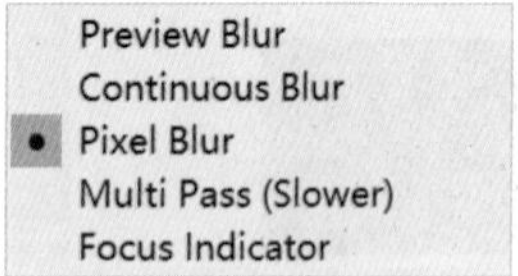

图 B01-166

◆ DOF Max Radius（景深最大半径）：调整景深半径参数。

◆ DOF Radius Multiplier（景深半径倍增）：在调整景深半径参数的基础上进行调整。

（11）Glow（发光）：对发光材质进行更加精细的调整，Glow（发光）包含 Enable Glow（启用发光）、Glow From（发光从）、Glow Intensity（发光强度）、Glow Radius（发光半径）、Glow Aspect Ratio（发光长宽比）、Glow Threshold（发光阈值）、Glow Threshold Softness（发光阈值柔和度）、Glow Tint（发光着色）、Glow Tint Mode（发光着色模式）、Glow Saturation（发光饱和度）、Glow Gamma（发光伽马）、

Glow Quality（发光质量）、Glow Alpha Boost（发光 Alpha 增强）、Chromatic Diffraction（彩色衍射）、Highlights（高光）和 Background Glow（背景发光），如图 B01-167 所示，各选项具体介绍如下。

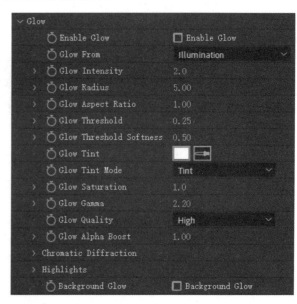

图 B01-167

◆ Enable Glow（启用发光）：是否启用发光。

◆ Glow From（发光从）：发光分为 Luminance（亮度）和 Illumination（照明）两种模式，效果如图 B01-168 所示。

    ⬤ Luminance（亮度）：调节模型整体亮度。

    ⬤ Illumination（照明）：调节模型局部材质亮度。

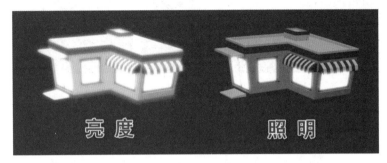

图 B01-168

◆ Glow Intensity（发光强度）：调节材质的发光强度，在材质照明效果的基础上进行调节。

◆ Glow Radius（发光半径）：调节材质的发光半径，半径越大发光范围越大，反之半径越小发光范围越小。

◆ Glow Aspect Ratio（发光长宽比）：调整发光效果的长宽比。

◆ Glow Threshold（发光阈值）：限制材质的发光效果，参数越大发光效果越弱。

◆ Glow Threshold Softness（发光阈值柔和度）：调整发光阈值的羽化程度。

◆ Glow Tint（发光着色）：在原始的发光颜色基础上添加另一种颜色，如图 B01-169 所示，在原本的白色发光上附加红色发光。

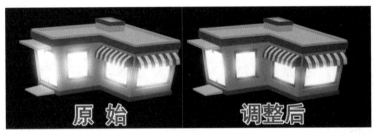

图 B01-169

◆ Glow Tint Mode（发光着色模式）：着色有两种模式，分别是 Multiply（乘数）和 Tint（着色）。常用的发光着色模式是 Tint（着色），如图 B01-170 所示。

图 B01-170

◆ Glow Saturation（发光饱和度）：调节材质发光的色彩饱和度。

◆ Glow Gamma（发光伽马）：调节材质单位像素的发光程度。

◆ Glow Quality（发光质量）：调整发光效果的整体质量。

◆ Glow Alpha Boost（发光 Alpha 增强）：通过调整参数增强发光效果的透明部分，如图 B01-171 所示。

图 B01-171

◆ Chromatic Diffraction（彩色衍射）：包括 Intensity（强度）、Spread（传播）和 Soften（柔和），通过调整参数对发光的 Alpha 部分进行改变，如图 B01-172 所示。

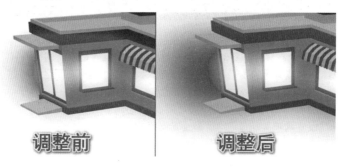

图 B01-172

◆ Highlights（高光）：包括 Highlight Intensity（高光强度）、Highlight Radius（高光半径）、Highlight Threshold（高光阈值）和 Highlight Threshold Softness（高光阈值柔和度），通过调整参数对发光的高光部分进行改变，如图 B01-173 所示。

图 B01-173

◆ Background Glow（背景发光）：选中该复选框，发光效果只应用在背景上，原本的模型不再发光，如图 B01-174 所示。

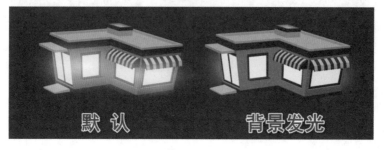

图 B01-174

（12）Ray-Tracer（光线追踪）：调整光线追踪细节，Ray-Tracer（光线追踪）包含 Transparency（透明度）和 Transparency Samples（透明度采样），如图 B01-175 所示，各选项具体介绍如下。

图 B01-175

◆ Transparency（透明度）：调整光线的透明模式，分别是 Sample（采样）、Opaque（不透明）和 Translucent（半透明）。

◆ Transparency Samples（透明度采样）：对透明度采样参数进行调整，默认参数为 4。

（13）Camera Cut-off（摄像机截止）：使用摄像机将模型近端或者远端裁切，Camera Cut-off（摄像机截止）包括 Camera Near Plane（摄像机近裁剪面）和 Camera Far Plane（摄像机远裁剪面），如图 B01-176 所示，各选项具体介绍如下。

图 B01-176

◆ Camera Near Plane（摄像机近裁剪面）和 Camera Far Plane（摄像机远裁剪面）：将近处 / 远处的画面进行遮挡，只是调整了摄像机，并不会影响模型，如图 B01-177 所示。

图 B01-177

（14）Render Order（渲染顺序）：渲染顺序分为 Fixed（固定）和 Depth Sorted（深度排序）两种，默认情况下是 Fixed（固定）选项，如图 B01-178 所示。

图 B01-178

6. Output（输出）

根据需求设置最终输出类型，可将最终输出应用于三维软件中。Output（输出）包含 Show（显示）、Polygon Mode（多边形模式）、Multisampling（多重采样）、Supersampling（超级采样）、Enhanced Multisampling（增强多重采样）、Highlight Compression（高光压缩）、Specular Compression（镜面压缩）、Sampling & Aliasing（采样和混叠）和 Multi-Pass Mixer（多通道混合器），如图 B01-179 所示。其中各选项的具体介绍如下。

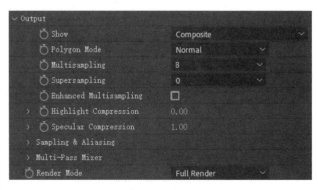

图 B01-179

◆ Show（显示）：选择 Element 效果的输出类型，类似于三维软件中的分层渲染效果，默认是 Composite（合成），其中还包含 Z Depth（Z 深度）、Z Depth no AA（Z 深度无 AA）、Normals（法线）、Ambient Occlusion（环境吸收）、Diffuse（漫射）、Specular（镜面）、Refraction（折射）、Reflection（反射）、Lighting（灯光）、Illumination（照明）、Focus（焦点）、Glow（发光）、World Position（世界位置）、Shadows（阴影）、SSS（次表面散射）、Shading（着色）、Blend Mode（混合模式）、Wireframe（线框）和 Dynamic Reflection（动态反射）类型，如图 B01-180 所示。例如，需要生成"草莓"模型的法线信息，可在【Show（显示）】中选择【Normals（法线）】选项，如图 B01-181 所示。

图 B01-180　　　　　　　　　　　　　　　　图 B01-181

◆ Polygon Mode（多边形模式）：包含 Normal（正常）、Wireframe（线框）和 Point Cloud（点），如图 B01-182 所示。

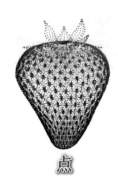

图 B01-182

◆ Multisampling（多重采样）：采样值越高，输出的抗锯齿效果越好，所生成的画面品质越高。

◆ Supersampling（超级采样）：在多重采样的基础上提升采样值。

◆ Enhanced Multisampling（增强多重采样）：在超级采样的基础上提升采样值。

◆ Highlight Compression（高光压缩）：调整画面整体的高光参数。

◆ Specular Compression（镜面压缩）：对画面中的镜面效果进行调整。

◆ Sampling & Aliasing（采样和混叠）：对采样效果进行调整，包含 FXAA Smoothing（快速近似抗锯齿平滑）、Compress Textures（压缩纹理）、Subsample Post Effects（子采样后期特效）、Gamma（伽马）和 Texture Gamma（纹理伽马），如图 B01-183 所示。

◆ Multi-Pass Mixer（多通道混合器）：包含 Diffuse（漫射）、Specular（镜面）、Ambient Lighting（环境照明）、Reflectivity（反射率）、Refraction（折射）、Illumination（照明）、Shadows（阴影）和 SSS（次表面散射），如图 B01-184 所示。

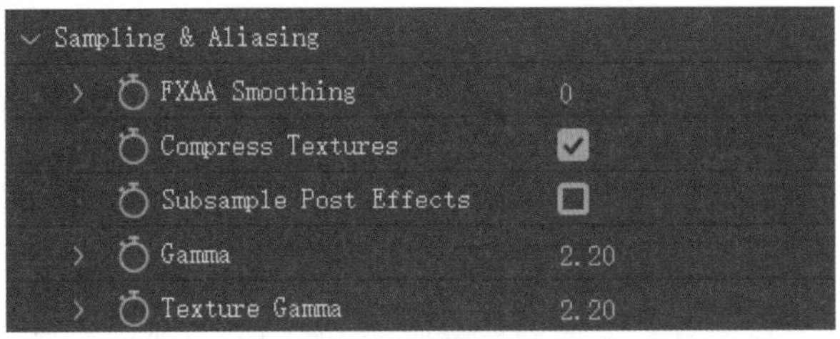

Sampling & Aliasing
> FXAA Smoothing   0
Compress Textures   ☑
Subsample Post Effects   ☐
> Gamma   2.20
> Texture Gamma   2.20

图 B01-183

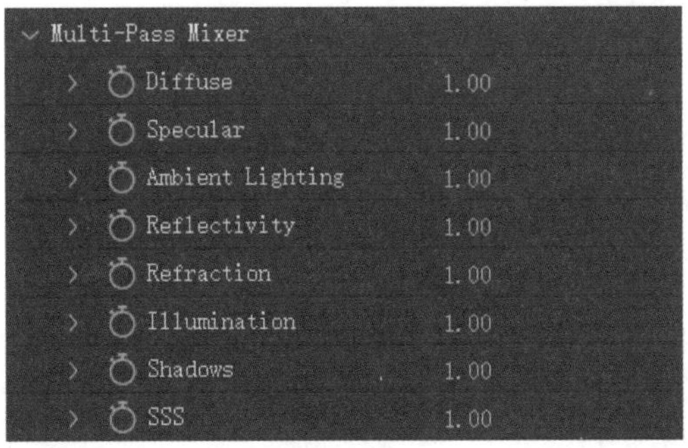

Multi-Pass Mixer
> Diffuse   1.00
> Specular   1.00
> Ambient Lighting   1.00
> Reflectivity   1.00
> Refraction   1.00
> Illumination   1.00
> Shadows   1.00
> SSS   1.00

图 B01-184

7. Render Mode（渲染模式）

最终成片的渲染输出效果，其渲染质量越高则画面越完整，如图 B01-185 所示。

Render Mode   Full Render   ∨

图 B01-185

渲染模式分为 Full Render（完整渲染）、Preview（预览）、Draft（草稿）和 Unified（统一），如图 B01-186 所示。效果如图 B01-187 所示。

● Full Render
Preview
Draft
Unified

图 B01-186

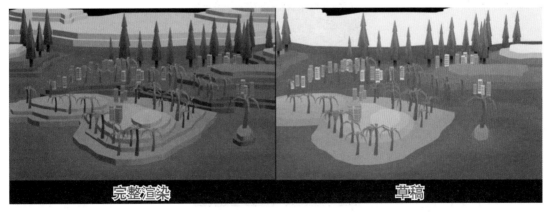

完整渲染   草稿

图 B01-187

B01.7　实例练习——小岛案例

通过对 Element 效果的学习，使用模型搭建小岛；根据自己喜好为模型添加颜色，使用关键帧制作动画。本实例的最终效果如图 B01-188 所示。

图 B01-188

操作步骤

01 新建项目，新建合成并命名为"场景 1"。新建纯色图层并将其重命名为"E3D"。选中图层 #1 "E3D"，执行【效果】-【Video Copilot】-【Element】菜单命令，在【效果控件】中双击【Scene Setup】进入 Element 界面。在【Model Browser（模型浏览器）】-【3D Motion Graphic Pack】中挑选模型，调整模型缩放和旋转角度。接下来选择材质，在【材质编辑】面板中选择【Basic Settings（基本设置）】属性，在【Diffuse Color（漫射颜色）】中自定义模型颜色，如图 B01-189 所示，效果如图 B01-190 所示。

图 B01-189

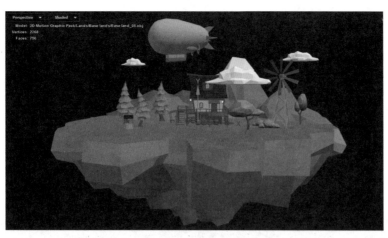

图 B01-190

02 单击【OK】按钮回到合成中。新建摄像机，预设选择【135 毫米】；新建空对象，将其设置为图层 #2 "摄像机"的父级，打开三维开关，调整【摄像机选项】-【缩放】参数，调整空对象的【位置】参数，如图 B01-191 所示。

图 B01-191

03 下面使画面中的物体运动起来。进入 Element 界面，为了使风车扇叶旋转，选择 "Wind mill" 中的 "Propeller" 物体，右击，在弹出的快捷菜单中选择【Auxiliary Animation（辅助通道）】-【Channel 1（通道 1）】选项，如图 B01-192 所示。为了方便制作飞船和云的动画，将画面中的 "Cloud" 和 "Airship" 独立分组，如图 B01-193 所示。在【Edit（编辑）】面板中，将画面中所有物体的【Baked Animation（烘焙动画）】-【Frame Offset（帧偏移）】参数调整为 0（更改后物体会在第 0 帧处开始运动），如图 B01-194 所示。

图 B01-192

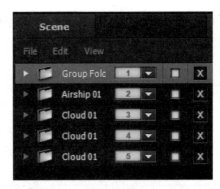

图 B01-193

图 B01-194

04 单击【OK】按钮，在【效果控件】中调整【Group 1】～【Group 5】中的【Particle Look（粒子外观）】-【Baked Animation（烘焙动画）】-【1.Loop Mode（循环模式）】为【Freeze at End（冻结在结束）】，将模型动画的循环模式调整为结束时停止，如图 B01-195 所示。添加【Group 2】～【Group 5】中【Particle Replicator（粒子复制器）】-【2.Position XY（粒子位置）】关键帧；添加【Group 2】～【Group 5】中【Particle Replicator（粒子复制器）】-【Rotation（旋转）】-【2.Z Rotation（Z 轴旋转）】关键帧，制作云朵飘动动画，效果如图 B01-196 所示。

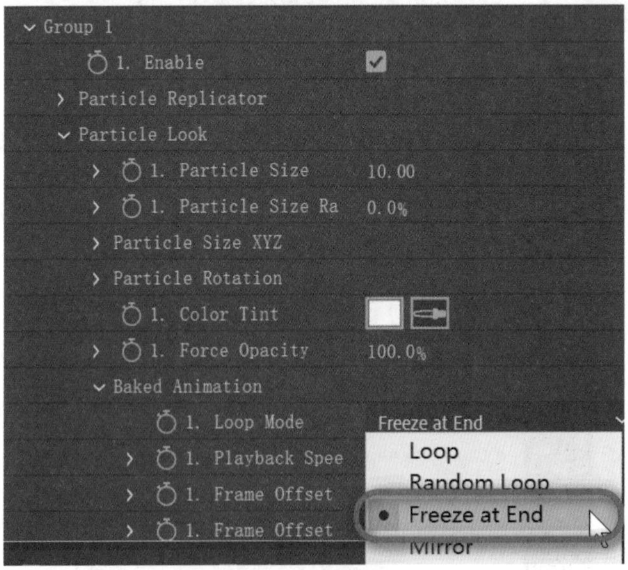

图 B01-195

图 B01-196

05 为了使画面中"风车扇叶"旋转，设置【Group 1】中【Aux Channels（辅助通道）】-【Rotation（旋转）】-【1.CH1. Rotation Z（Z轴旋转）】关键帧；为了使画面更丰富，制作摄像机拉伸效果，在图层 #1 "空"上添加【位置】关键帧，在图层 #2 "摄像机"的【摄像机选项】中添加【缩放】关键帧，效果如图 B01-197 所示。

图 B01-197

06 接着丰富画面。新建合成并命名为"场景2"。新建纯色图层并将其重命名为"E3D"。选中图层 #1"E3D"执行【效果】-【Video Copilot】-【Element】菜单命令，在【效果控件】中双击【Scene Setup】进入 Element 界面，在【Model Browser（模型浏览器）】-【3D Motion Graphic Pack】中挑选模型，调整模型缩放和旋转角度；选择材质，在【材质编辑】面板中设置【Basic Settings（基本设置）】-【Diffuse Color（漫射颜色）】参数，自定义模型颜色，效果如图 B01-198 所示。

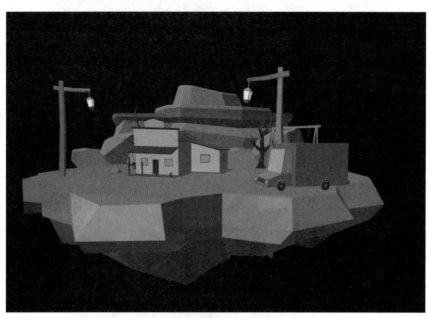

图 B01-198

07 将"Truck"单独分组，根据上述步骤新建摄像机，制作汽车移动动画，如图 B01-199 所示。

图 B01-199

08 接下来丰富画面。新建合成，将其命名为"场景3"；新建纯色图层并将其重命名为"E3D"。选中图层 #1"E3D"执行【效果】-【Video Copilot】-【Element】菜单命令，在【效果控件】中双击【Scene Setup】进入 Element 界面，在【Model Browser（模型浏览器）】-【3D Motion Graphic Pack】中挑选模型，调整模型缩放和旋转角度。选择材质，在【材质编辑】面板中设置【Basic Settings（基本设置）】-【Diffuse Color（漫射颜色）】参数，自定义模型颜色，效果如图 B01-200 所示。

图 B01-200

09 对"Rocket"单独分组，根据上述步骤新建摄像机，制作火箭发射动画，如图 B01-201 所示。

图 B01-201

10 新建合成，将其命名为"动画场景搭建"，将"场景 1""场景 2""场景 3"合成拖曳至时间轴上，将"场景 2"和"场景 3"起始处拖曳至合适位置，进入"场景 2"和"场景 3"，调整其在画面中的比例和位置，如图 B01-202 所示。

图 B01-202

11 至此，动画场景搭建完成，单击 ▶ 按钮或按空格键，查看制作效果。

B01.8　综合案例——夜间同行案例

公司接到一个将虚拟机器人在现实生活中进行展示的项目，甲方提供制作虚拟机器人的 C4D 文件，让小森将机器人融入现实场景。小森经过多日的不断奋战，顶住了甲方"无限次"修改的压力，完成了这个项目。

本案例的最终效果如图 B01-203 所示。

图 B01-203

制作思路

① 在 Element 界面中导入"机器人"，创建地面反射影子。

② 与场景更加融合，添加"雾"效果，并调整"机器人"动画使其完成连贯的走路效果。

③ 创建灯光模拟真实环境产生的影子。

④ 将"树和滑板车"进行蒙版跟踪，使其与"机器人"产生遮挡关系。

操作步骤

01　新建项目，在【项目】面板中导入视频素材"街道 .mp4"并使用视频素材创建合成，将合成命名为"夜间同行"。新建纯色图层，将其重命名为"E3D"。选中图层 #1 "E3D"，执行【效果】-【Video Copilot】-【Element】菜单命令，在【效果控件】中双击【Scene Setup】进入 Element 界面，执行【File（文件）】-【Import（导入）】-【3D Sequence（3D 序列）】菜单命令，添加"机器人"走路的 3D 序列，如图 B01-204 所示，效果如图 B01-205 所示。

图 B01-204

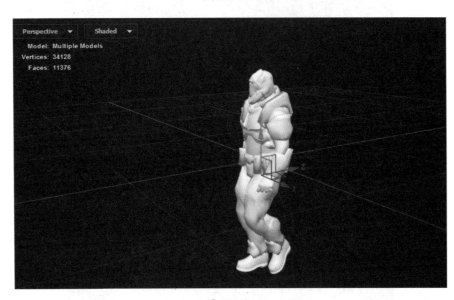

图 B01-205

02 为"机器人"添加纹理贴图。在【Scene（场景）】中选择模型材质，在【材质编辑】面板中选择【Textures（纹理）】属性，添加【Diffuse（漫射贴图）】【Glossiness（光泽贴图）】【Normal Bump（法线凹凸）】，如图 B01-206 所示，效果如图 B01-207 所示。

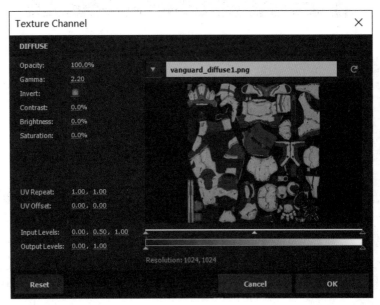

图 B01-206

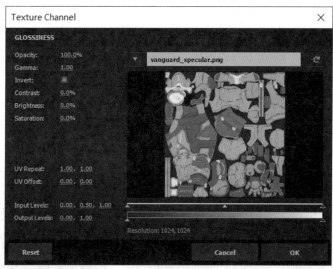

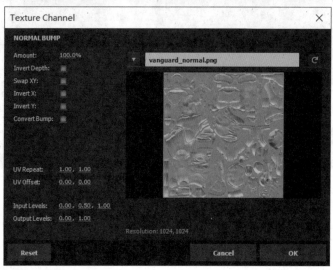

图 B01-206（续）

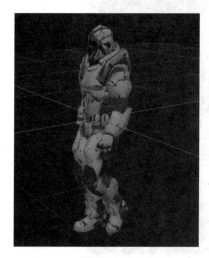

图 B01-207

03 接下来制作"机器人"影子。在【Model Browser（模型浏览器）】-【Starter_Pack_Physical】中选择【floor_fracture】，在【Scene（场景）】中选择此模型；在【模型编辑】面板中选择【Reflect Mode（反射模式）】-【Mode（模式）】为【Mirror Surface（镜像表面）】，平面便可以反射"机器人"的影子，如图 B01-208 所示，效果如图 B01-209 所示。

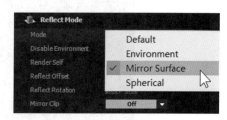

图 B01-208

图 B01-209

影】复选框并调整【阴影深度】参数；选择图层 #3 "E3D"，在【效果控件】中选择【Render Settings（渲染设置）】-【Shadows（阴影）】属性，选中【Enable（启用）】复选框，选择【Shadow Mode（阴影模式）】为【Ray-Traced（光线追踪）】，如图 B01-210 所示，"机器人"阴影就制作完成了，效果如图 B01-211 所示。

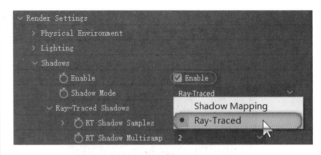

图 B01-210

04 单击【OK】按钮回到合成中。新建摄像机，预设选择【自定义】，调整摄像机角度与场景一致。新建灯光，选择【灯光类型】为【平行】、【衰减】为【平滑】，选中【投

图 B01-211

05 使"机器人"更加贴合环境。在【效果控件】中选择【Render Settings（渲染设置）】-【Fog（雾）】属性，选中【Enable Fog（启用雾）】复选框，调整【Fog Opacity（雾不透明度）】参数为 80%，如图 B01-212 所示，效果如图 B01-213 所示。

图 B01-212

图 B01-213

06 此时画面中"机器人"的身体和阴影偏暗，新建灯光，选择【灯光类型】为【平行】，由于当前画面偏绿，因此将灯光颜色调整为绿色，选择【衰减】为【平滑】，调节【半径】和【衰减距离】参数，选中【投影】复选框并调整【阴影深度】参数，如图 B01-214 所示，效果如图 B01-215 所示。

图 B01-215

07 这样"机器人"就融入场景了，接下来制作动画。由于"机器人"动画是循环模式，完成当前动画序列后就会返回至第一帧，所以需要对图层进行剪切，使动画完善。将完成最后一帧时按 Alt+] 快捷键剪切出点；为了使模型更方便移动，选择图层 #4 "E3D"，在【效果控件】中选择【Utilities（实用工具）】-【Generate 3D Position（生成三维位置）】-【Create 3D Null（创建三维空对象）】属性，单击【Generate（生成）】按钮，使用空对象控制模型的移动，如图 B01-216 所示。

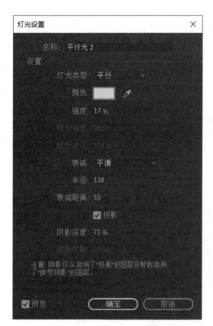

图 B01-214

图 B01-216

08 为了方便制作，全选图层 #1 ～图层 #9 进行预合成，将其命名为"机器人"。观察视频可以发现有轻微的晃动，为了使"机器人"更贴合地面，选择图层 #2 "街道"，在【跟踪器】面板中选择【跟踪摄像机】选项，对视频进行分析，选择地面，选择【创建实底与摄像机】选项，将图层 #3 "机器人"与"实底"建立父子级，如图 B01-217 所示，效果如图 B01-218 所示。

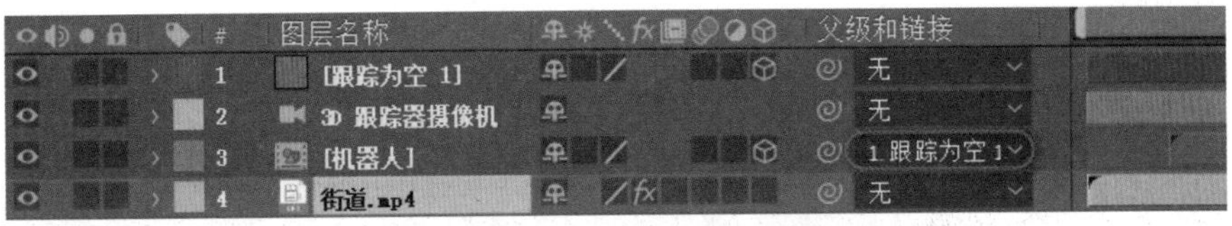

				#	图层名称			父级和链接	
⊙		>		1	[跟踪为空 1]	⌖ /	◎	无	∨
⊙		>		2	🎥 3D 跟踪器摄像机	⌖ /	◎	无	∨
⊙		>		3	[机器人]	⌖ /	◎	1 跟踪为空 1	∨
⊙		>		4	街道.mp4	⌖ /fx	◎	无	∨

图 B01-217

图 B01-218

09 使"树和滑板车"在机器人前面。先使用 Photoshop 软件将"树和滑板车"单独抠出，然后将抠出的"树和滑板车"导入 After Effects，并拖曳至【时间轴】面板；选择图层 #5"街道"，按 Ctrl+D 快捷键进行复制，将其命名为"树和滑板车"；选择图层 #1"树和滑板车图片"，执行【图层】-【自动跟踪】菜单命令，选择【当前帧】选项；将分析完成的蒙版复制到图层 #2"树和滑板车"，执行【图层】-【自动跟踪】菜单命令，选择【工作区】选项，这样"树和滑板车"便可以单独显示，如图 B01-219 所示，效果如图 B01-220 所示。

图 B01-219

图 B01-220

10 接下来对蒙版进行细化，调整画面整体色调。现在画面整体偏暗，新建调整图层，执行【效果】-【颜色校正】-【曲线】菜单命令，将画面调亮。现在影子过于明显，按 Ctrl+D 快捷键对图层 #6"机器人"进行复制，将其命名为"机器人影子"，使用蒙版对机器人与影子进行区分，影子使用【蒙版羽化】效果，如图 B01-221 所示。

图 B01-221

11 至此，动画场景搭建制作完成，单击▶按钮或按空格键，查看制作效果。

B01.9 作业练习——Element 3D 粒子案例

小森看到了一个钻石拼凑的文字视频，觉得很好看，于是自己也做了一个类似的"AE"钻石文字。做好之后发到了自己的社交平台，评论里全是好评和问是怎么做的，小森也开始有了粉丝，成了博主。

本作业完成效果参考如图 B01-222 所示。

图 B01-222

图 B01-222（续）

作业思路

① 新建项目，合成"Element 3D 粒子"，新建摄像机和纯色图层，使用【Element】效果；进入 Element 3D 界面，导入钻石模型，创建四个钻石为其添加材质和发光效果；将制作完成的四个钻石复制至 Group 2。

② 新建"AE"文本，选择"E3D"效果层，在【效果控件】中将 Group 1 中【Replicator Shape（复制器形状）】调整为【Layer（图层）】，在【Shape Options（外形选项）】中自定义图层，选择"AE"文本层；创建【Scatter（散射）】和【Noise Evolution（噪波演变）】关键帧，制作钻石粒子聚合为"AE"字母的效果。

③ 调整 Group 2 中的钻石粒子，使其分散在"AE"钻石粒子周围；创建摄像机的【位置】关键帧动画，制作摄像机拉远展示出"AE"钻石粒子的效果。

总结

本课学习了 Element 3D 三维模型插件的使用。在学习了相关基础知识后，通过实例练习完成场景搭建，通过综合案例完成三维模型和实景的结合，通过作业练习掌握 Element 3D 粒子复制器。

读书笔记

Mocha Pro 是一款专为 VFX 视觉特效和后期制作而设计的强大的平面跟踪工具，它采用了 GPU 加速技术，能够快速而准确地进行跟踪；提供了对象去除功能，可以轻松地从场景中删除不需要的元素；具备高级遮罩功能，包括边缘捕捉功能，可以精确地定义遮罩的边缘；还具备镜头校准和 3D 摄像头求解器功能，可以帮助用户更好地匹配和校准不同镜头的画面。此外，Mocha Pro 还支持稳定功能、镜头校准、立体 360/VR 制作等功能，为用户提供更广阔的创作空间。如图 B02-1 所示。

图 B02-1

B02.1　Mocha Pro 界面

Mocha Pro 效果将制作场景做成了单独的面板，在【效果控件】中单击【MOCHA】按钮进入场景界面，Mocha Pro Plugin 插件界面的默认工作区分为 6 个区域，如图 B02-2 所示。

A—菜单栏；B—工具栏；C—图层和图层属性；D—预览面板；
E—Parameters（参数）面板；F—Dope Sheet（关键帧清单）面板

图 B02-2

B02.2　Mocha Pro 偏好设置

执行【File（文件）】-【Preferences（首选项）】菜单命令，进入【Preferences（首选项）】对话框，其中包含 Output Settings（输出设置）、System（系统）、GPU、Software Update（软

件更新）、Color（颜色）、Clip（素材）、Lens（镜头）、Logging（日志记录）、Help Viewers（帮助查看）和 Key Shortcuts（快捷键方式）；接下来对 Output Settings（输出设置）进行具体讲解。

在【Output Settings（输出设置）】中可以调整【File Storage（文件储存设置）】，选中【Autosave（自动保存）】复选框后可以对 Interval（间隔）和 Number of backups（备份数）进行设置，需要注意间隔时长单位是 minutes（分钟）。【Autosave Directory（自动保存目录）】和【Cache Directory（缓存目录）】可以自定义目录位置；【Disk Space Available（磁盘空间）】会根据缓存目录的位置显示当前的可用空间，如图 B02-3 所示。

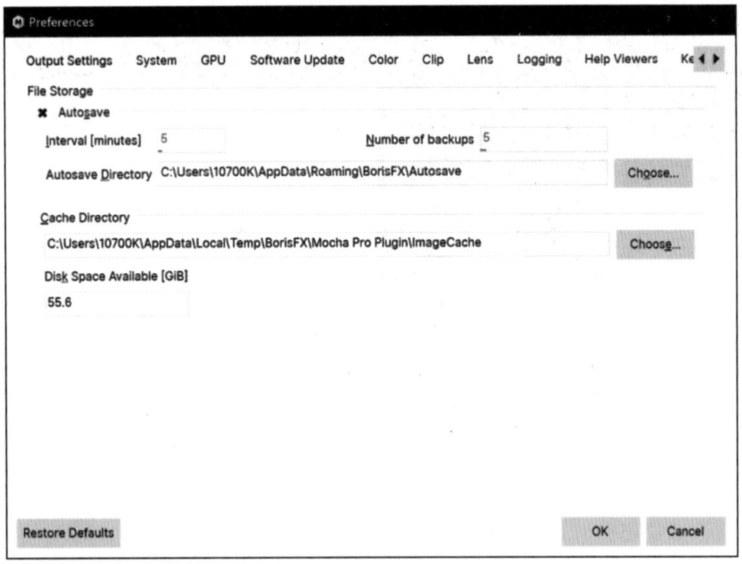

图 B02-3

【System（系统）】包含 Application（应用）、UI Look and Feel（UI 外观样式）和 Layer Settings（图层设置）。【Application（应用）】是对 Undo History Size（最大撤销历史记录）和 Maximum memory usage（最大内存使用量）进行调整。【UI Look and Feel（UI 外观样式）】调整插件界面和鼠标控制方式，插件界面分为 Full Screen（全屏）和 Window（窗口）两种方式；鼠标控制方式分为 Rotational Controls（旋转控制）和 Linear Controls（线性控制）两种方式，旋转控制时光标会变为 形状，在调整参数时除了输入参数外，还可以按住鼠标右键左右移动来调整，线性控制时光标会变为 形状，同理，调整参数时可按住鼠标右键左右旋转调节参数，如图 B02-4 所示。

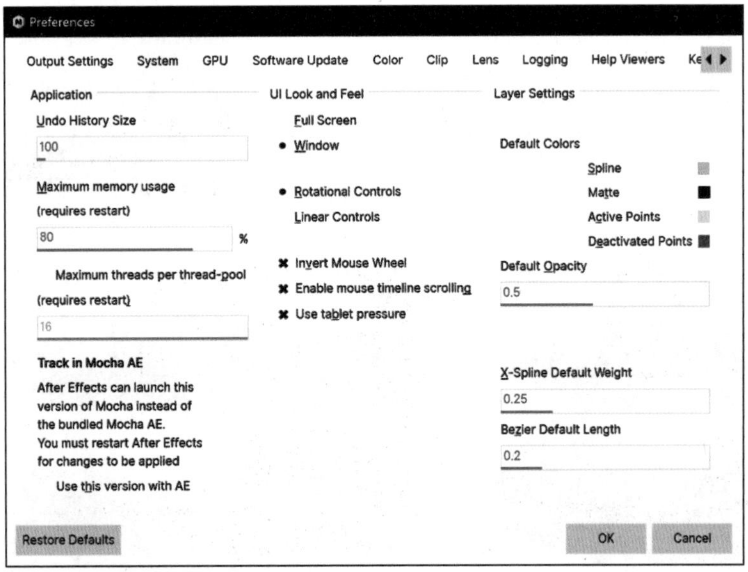

图 B02-4

B02.3　工具栏

工具栏中包含了 Mocha Pro 所用的常用工具，如保存项目、选择工具和绘制样条工具等，其中最重要的是绘制样条工具，如图 B02-5 所示。接下来就具体讲解 Mocha Pro 中的工具栏。

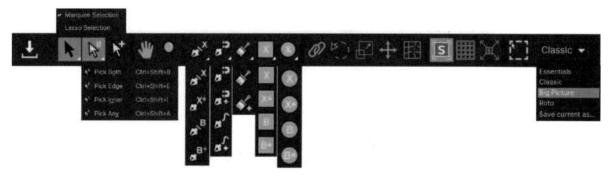

图 B02-5

◆　Save Project（保存项目）：这是一个保存功能，用于保存导出跟踪数据。

◆　Pick Tool（选择工具）：用于选择绘制的跟踪区域上的顶点，按 Ctrl+F 快捷键打开工具；按住按钮可在选框选择和套索选择之间进行切换；拾取工具包括 Marquee Selection（选取框）和 Lasso Selection（套索选取）两种。

◆　Move inner and edge points together（内外点选择工具）：可以同时移动内点和边点，按 Ctrl+Shift+B 快捷键打开工具；选取工具包括 Pick Both（选择两者）、Pick Edge（选择边缘）、Pick Inner（选择内部）和 Pick Any（选择任何）4 种。

◆　Point insertion tool（插入点工具）：此工具可在样条曲线上添加顶点。

◆　Pan（手形工具）：用于在预览面板中移动视图，按住 X 键时光标变为　　形状，使用鼠标移动视图。

◆　Zoom（缩放工具）：用于在预览面板中缩放视图，按住 Z 键时光标变为　　形状，使用鼠标缩放视图。

◆　Create X-Spline Layer（图层创建 X 样条工具）：用于在图层中绘制 X 样条线。按 Ctrl+L 快捷键打开工具，创建 X 样条图层工具包括 Create X-Spline Layer（图层创建 X 样条工具）、Add X-Spline to Layer（在同一图层上创建 X 样条工具）、Create Bezier-Spline Layer（创建贝塞尔曲线样条工具）和 Add Bezier-Spline to Layer（在同一图层上创建贝塞尔曲线样条工具），如图 B02-6 所示。

◆　Create New Magnetic Layer（图层创建磁性样条）：用于在图层中绘制自动吸附物体边缘的 X 磁力样条线。创建 X 磁力样条线工具包括 Create New Magnetic Layer（图层创建磁性样条）、Add Magnetic Shape Selected to Layer（在同一图层上创建磁性样条）、Create New Freehand Layer（创建手绘样条）和 Add Freehand Shape Selected to Layer（在同一图层上创建手绘样条），如图 B02-7 所示。

图 B02-6

图 B02-7

◆ ▣ Create Area Brush Layer（画笔绘制样条区域）：使用画笔在图层上绘制样条区域。画笔绘制样条工具包括 Create Area Brush Layer（画笔绘制样条区域）和 Add Area Brush to Layer（在同一图层上创建画笔绘制样条区域），如图 B02-8 所示。

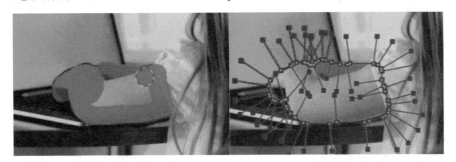

图 B02-8

◆ ▣ Create Rectangle X-Spline Layer（图层创建矩形样条）：用于在图层上绘制矩形样条区域。矩形样条工具包括 Create Rectangle X-Spline Layer（图层创建矩形样条）、Add Rectangle X-Spline to Layer（在同一图层上创建矩形样条）、Create Rectangle Bezier-Spline Layer（创建矩形贝塞尔样条）和 Add Rectangle Bezier-Spline to Layer（在同一图层上创建矩形贝塞尔样条），如图 B02-9 所示。

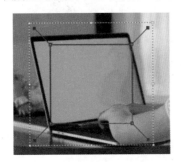

图 B02-9

◆ ▣ Create Circle X-Spline Layer（图层创建圆形样条）：用于在图层上绘制圆形样条曲线图层。圆形样条工具包括 Create Circle X-Spline Layer（图层创建圆形样条）、Add Circle X-Spline to Layer（在同一图层上创建圆形样条）、Create Circle Bezier-Spline Layer（创建圆形贝塞尔样条）和 Add Circle Bezier-Spline to Layer（在同一图层上创建圆形贝塞尔样条），如图 B02-10 所示。

图 B02-10

◆ ▣ Attach Layer（自动吸附工具）：把一个图层吸附到另一个图层上，并跟随其图层移动，如图 B02-11 所示。

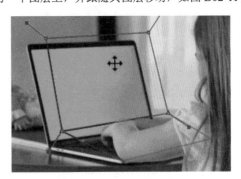

图 B02-11

◆ ▣ Rotate（旋转）：在预览面板中按住鼠标向外拖曳进行旋转。如图 B02-12 所示，会在预览面板中生成一个黄色中心点，图层会根据此点进行旋转。

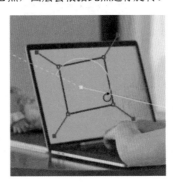

图 B02-12

◆ ▣ Scale（缩放）：用于在预览面板中调节样条区域大小，如图 B02-13 所示。

◆ ▣ Move（移动）：用于在预览面板中移动所选内容，如图 B02-14 所示。

◆ ▣ Edit Mesh（编辑网格）：执行【Track（跟踪模块）】-【Motion（跟踪运动）】菜单命令，当选中【Mesh（网格）】复选框时，该工具可以用来移动预览面板上网格的顶点，如图 B02-15 所示。

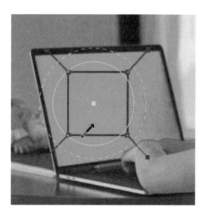

图 B02-13

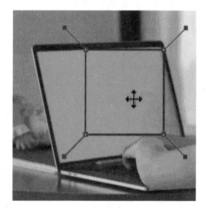

图 B02-14

图 B02-15

◆ ⬛S⬛ Show Planar Surface（显示平面）：用于在预览面板中调整替换图层的范围，该平面的四个顶点可以调整至需要跟踪的顶点边界，如图 B02-16 所示。

图 B02-16

◆ ⬛ Show Planar Grid（显示平面网格）：显示参考的网格线，用于观察替换平面的透视关系，如图 B02-17 所示。

图 B02-17

◆ ⬛ Align Surface（对齐曲面）：使替换图层的范围扩大至整个帧。

◆ ⬛ Transform Tool（变换工具）：用于对图层整体进行调整，如移动、缩放等。

B02.4 预览面板

　　观看视频素材、绘制跟踪样条和查看跟踪效果等都在预览面板中进行，面板包含预览工具栏和跟踪时间轴，如图 B02-18 所示。

图 B02-18

1. 预览工具栏

预览工具栏可选择显示 RGB 通道、显示图层遮罩、显示缩放窗口和切换网格视图等，如图 B02-19 所示。接下来对预览工具栏进行具体讲解。

图 B02-19

-  Clip to Show（剪辑显示）：单击下拉按钮后可在列表中单击查看剪辑内容。
- Show RGB Channels（显示 RGB 通道）：单击此按钮显示和设置图层的 RGB、Red（红色）、Green（绿色）、Blue（蓝色）通道，如图 B02-20 所示。

图 B02-20

- A Show Alpha Channels（显示 Alpha 通道）：单击此按钮显示和设置图层的 Alpha 通道。
- Show Layer Mattes（显示图层遮罩）：单击此按钮显示或关闭遮罩。Show Layer Mattes（显示图层遮罩）包含 All mattes（所有遮罩）、Selected mattes（选择遮罩）和 Selected track mattes（选择轨道遮罩），如图 B02-21 所示。

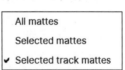

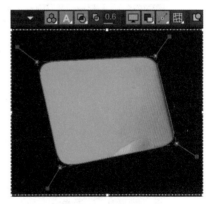

图 B02-21

- ● Color Layer Mattes（颜色图层遮罩）：单击此按钮显示颜色填充的遮罩区域，调整参数更改填充显示的不透明度，如图 B02-22 所示。

图 B02-22

◆ Enable all overlays（启用所有覆盖）：单击此按钮在预览面板中显示所有覆盖，覆盖包括样条曲线、切线、曲面和网格，如图 B02-23 所示。

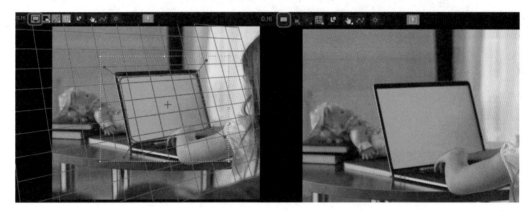

图 B02-23

◆ Show Layer Outlines（显示图层轮廓）：单击此按钮在预览面板中显示样条曲线、点和切线，Show Layer Outlines（显示图层轮廓）包括 All Layers（所有图层）和 Selected Layers（选择图层），如图 B02-24 所示。

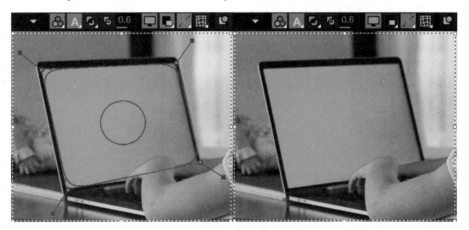

图 B02-24

◆ Show Spline Tangents（显示样条切线）：单击此按钮在预览面板中显示样条切线，拖曳切线调整样条边缘圆滑度。Show Spline Tangents（显示样条切线）包含 All Tangents（所有切线）和 Selected Tangents（选择切线），当选择【Selected Tangents（选择切线）】选项时单击顶点出现对应切线，如图 B02-25 所示。

图 B02-25

◆ ▦ View Mesh（视图网格）：单击此按钮在预览面板中显示网格视图。View Mesh（视图网格）包含 Show Mesh（显示网格）和 Show Points（显示顶点），如图 B02-26 所示。

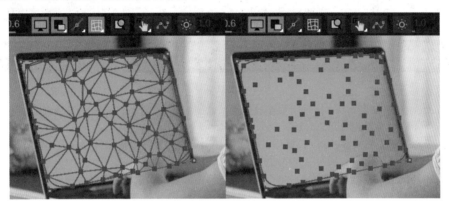

图 B02-26

◆ ▣ Show Zoom Window（显示缩放窗口）：单击此按钮，当移动样条顶点时会在预览面板左上方出现两个放大窗口，分别是 Prev. Keyframe（上一次顶点位置）和 Current Frame（当前顶点位置），如图 B02-27 所示。

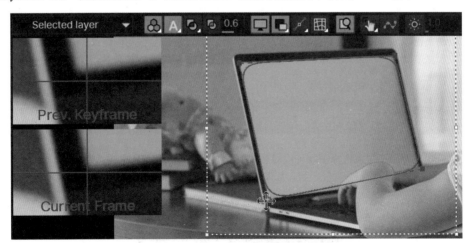

图 B02-27

◆ ▨ Stabilize（稳定）：单击此按钮打开快速稳定预览。这会使用链接到平移和缩放的跟踪数据将素材集中在跟踪表面周围。可以从按钮的下拉列表中选择不同的图层来稳定查看器。

◆ ▨ Trace（跟踪）：单击此按钮打开被跟踪曲面的追踪路径。

◆ ☼ Enable Brightness Scaling（启用亮度缩放）：单击此按钮通过调整亮度处理低对比度素材，调整参数更改显示的亮度。

2．跟踪时间轴

跟踪时间轴类似于将 AE 的时间轴、预览面板和跟踪面板进行整合，可设置时间线的入点和出点、播放控制、添加或删减跟踪控件关键帧等，如图 B02-28 所示。接下来对跟踪时间轴进行具体讲解。

图 B02-28

◆ **[ ]** Set In-Point（设置入点）和 Reset In-Point（设置出点）：设置时间线的入点和出点。

◆ **[- -]** Reset In-Point（重置入点）和 Reset Out Point（重置出点）：将自定义的入点及出点进行重置。

◆ **00:00:00:00** 三个时间点：分别显示时间线入点、当前播放点和时间线出点。

◆ **▥** Zoom Timeline to In/Out points（缩放时间轴到入 / 出点）：同 AE 软件中【将合成修建至工作区域】属性一致，将时间线入点和出点中间的持续时间扩展至查看器的边缘，把持续时间变为工作区域的长度，如图 B02-29 所示。

图 B02-29

◆ **▤** Zoom Timeline to full frame range（将时间轴缩放到全帧范围）：与【Zoom Timeline to In/Out points（缩放时间轴到 / 出点）】效果相反，将工作区域返回至总时长。

◆ **▏◀◀ ▮ ▶ ▶▶** Play Controls（播放控制）：操作区域主要控制预览面板的播放与暂停，关于播放控制的详细使用方法，请参阅本系列丛书之《After Effects 从入门到精通》一书的 A06 课。

◆ **▱** Change Playback Mode（更改播放模式）：单击此按钮更换播放模式，播放模式包含播放一次▱、循环播放▱和弹跳播放▱三种。

◆ **Track ◀ ◁ ▮ ▷ ▶** Tracking Controls（跟踪控件）：用于调整跟踪模式，包含向前或向后跟踪、向前或向后逐帧跟踪和暂停。当绘制完成跟踪区域后，单击【向前跟踪】▷或【向后跟踪】◁按钮，等待系统自动计算跟踪数据。

◆ **🔑 🔑** Add New Key-frame（添加新关键帧）和 Delete New Key-frame（删除新关键帧）：单击按钮在当前时间轴上添加或删除跟踪关键帧。

◆ **⊗** Delete All Key-frames（删除所有关键帧）：删除所选图层时间轴上的所有关键帧。

◆ **A** Auto-key（自动关键帧）：单击此按钮在跟踪时移动顶点或调整参数，会自动创建跟踪关键帧。

◆ **Ü** Uber-key（统一关键帧）：单击此按钮在跟踪时移动顶点或调整参数一个关键帧，图层中的其余顶点位置也会随之更改。

B02.5 图层和图层属性

当创建样条后就会出现对应图层，选择图层可以对图层内的 Layer Properties（图层属性）和 Edge Properties（边缘属性）进行调整；Mocha 图层和 AE 图层的部分功能一致，如图 B02-30 所示，接下来对图层进行具体讲解。

图 B02-30

◆ 图层可视化：单击此按钮可以决定显示或隐藏当前图层。

◆ ⚙跟踪：是否启用跟踪，单击此按钮关闭跟踪后，对"Layer 1"进行跟踪时"Layer 2"不产生跟踪数据，如图 B02-31 所示。

图 B02-31

◆ ⊙跟踪选区边框颜色：单击此按钮，在弹出的【Select Color（选择颜色）】对话框中调整跟踪选区边框颜色，如图 B02-32 所示。

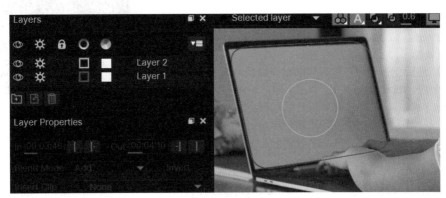

图 B02-32

◆ ⦿图层遮罩填充颜色：单击此按钮，在弹出的【Select Color（选择颜色）】对话框中调整图层遮罩填充颜色，如图 B02-33 所示。

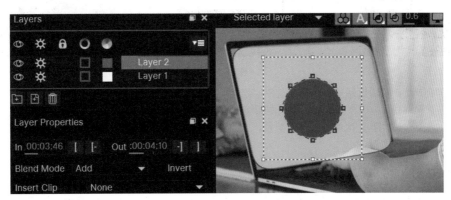

图 B02-33

◆ 🔲组图层：单击此按钮对选中的图层进行编组，如果未选择任何图层，则创建一个空组。

◆ 🔲复制图层：单击此按钮对选中的图层进行复制。

◆ 🔲删除图层：单击此按钮对选中的图层进行删除。

1. Layer Properties（图层属性）

Layer Properties（图层属性）包含 In（入点）、Out（出点）、Blend Mode（混合模式）、Insert Clip（插入剪辑）、Matte Clip（遮罩剪辑）、Link to track（链接至跟踪）和 Detail（细节），如图 B02-34 所示，接下来对图层属性进行具体讲解。

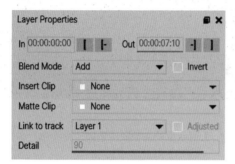

图 B02-34

◆ In（入点）、Out（出点）：调整图层在时间轴的起始点和结束点的位置设置。

◆ Blend Mode（混合模式）：调整跟踪区域的混合模式，类似于 AE 中的蒙版，Blend Mode（混合模式）包括 Add（添加）、Subtract（减去）和 Transparent（透明）；选中【Invert（反转）】复选框反转混合模式，如图 B02-35 所示。

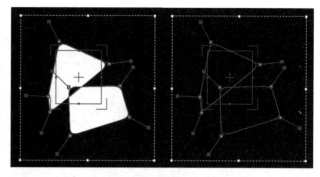

图 B02-35

◆ Insert Clip（插入剪辑）：插入跟踪参考文件，除了系统自带的 Logo 和网格，还可以选择 Import（导入）文件，当选择 Input（输入）时跟踪区域显示当前素材，选择 Insert Layer（插入图层）则显示插入图层画面，如图 B02-36 所示，效果如图 B02-37 所示。

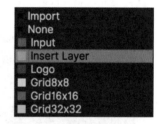

图 B02-36

图 B02-37

◆ Matte Clip（遮罩剪辑）：使用遮罩剪辑替换当前图层绘制的跟踪区域。

◆ Link to track（链接至跟踪）：可选择将图层绘制的跟踪区域链接到其余图层上。

◆ Detail（细节）：调整绘制的跟踪区域上的顶点数量，当选中【Link to track（链接至跟踪）】-【Adjusted（校正）】复选框时调整才会激活此选择。

2. Edge Properties（边缘属性）

Edge Properties（边缘属性）包含 Edge Width（边宽）和 Motion Blur（运动模糊），如图 B02-38 所示。

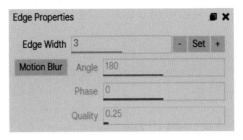

图 B02-38

◆ Edge Width（边宽）：调整图层向外扩展边缘；单击【+】或【-】按钮调整扩展边缘，或者输入参数后单击【Set（设置）】按钮应用，如图 B02-39 所示。

图 B02-39

◆ Motion Blur（运动模糊）：单击此按钮应用运动模糊效果，可以调整 Angle（角度）、Phase（相位）和 Quality（质量）等画面参数。

B02.6　Parameters（参数）面板

　　参数面板可分为多个模块，每个模块都有对应的功能效果，其中包含素材模块、镜头模块、跟踪模块和调整跟踪模块等共 10 个模块，接下来对参数面板的每个模块进行详细讲解。

1. Clip（素材模块）

　　此模块会显示当前素材或导入素材的详细信息，包括 Name（名称）、Format（格式）、Footage Streams（视频镜头）、Display（显示）、Colorspace（色彩空间）和 View Mapping（视图映射），如图 B02-40 所示。

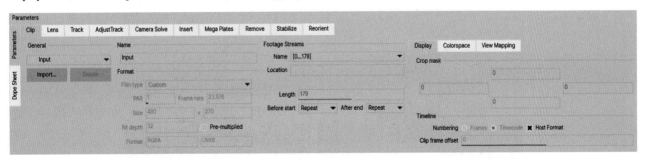

图 B02-40

　　其中 Format（格式）包括 Film type（影片类型）、Frame rate（帧速率）、Size（大小）、Bit depth（位深度）和 Format（格

式）；Footage Streams（视频镜头）包括 Name（名称）、Location（位置）和 Length（长度），长度的数值是素材的帧数。

2．Lens（镜头模块）

此模块有助于定位和消除镜头失真，包括 Calibration Lines（校准线）、Calibrate（校准）、Lens（镜头）、Distortion（变形）和 Export Data（导出数据），如图 B02-41 所示。

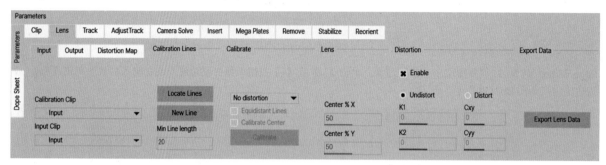

图 B02-41

3．Track（跟踪模块）

此模块包括 Input（导入）、Preprocessing（预处理）、Motion（运动）、Search Area（搜索区域）、Mesh Generation（网格生成）、Mesh Tracking（网格跟踪）和 Export Data（导出数据），如图 B02-42 所示。下面针对部分功能进行介绍。

图 B02-42

◆ Motion（运动）：根据画面的运动变化来选中合适的跟踪运动复选框。其中包含【Translation（变换）】【Scale（缩放）】【Rotation（旋转）】【Shear（斜切）】【Perspective（透视）】【Mesh（网格）】复选框。为了使跟踪更加准确，可以选中【Large Motion（大幅度运动）】或【Small Motion（小幅度运动）】单选按钮，也可以选中【Manual Track（手动跟踪）】单选按钮；选中【Existing Planar Data（现有平面数据）】单选按钮可使用现有的平面跟踪数据进行网格跟踪，如图 B02-43 所示。

平面跟踪　　　　　　网格跟踪

图 B02-43

◆ Search Area（搜索区域）：根据画面来确定跟踪运动的搜索范围，包含 Horizontal（水平）和 Vertical（垂直），一般默认选中【Auto（自动）】复选框；下方还可以自定义 Angle（角度）和 Zoom（变焦）参数。

◆ Mesh Generation（网格生成）：可以对生成的网格进行调整，其中具体选项如下。

  ● Generation Mode（生成模式）：包含 Automatic（自动）和 Uniform（统一），如图 B02-44 所示。

图 B02-44

  ● Mesh Size（网格大小）：调整网格的密集程度，参数越小网格点越多，反之参数越大网格点越少，如图 B02-45 所示。

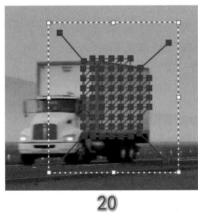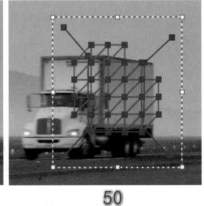

图 B02-45

  ● Vertices on Spline（样条上顶点）：选中该复选框在样条线上添加网格顶点，如图 B02-46 所示。

图 B02-46

- Adaptive Contrast（自适应对比度）：根据样条内图像的对比度创建顶点，也可选中【Vertices on Spline（样条上顶点）】复选框后在此基础上添加顶点，如图 B02-47 所示。

图 B02-47

- Generate mesh（生成网格）：对网格进行修改后要单击此按钮以生成新网格。
- Clear mesh（清除网格）：单击此按钮将图层内的网格进行删除。
- **Mesh Tracking**（网格跟踪）：用于调整网格跟踪的过程，以使网格更贴合物体表面。
  - Auto Smoothness（自动平滑）和 Smoothness（平滑）：可以调整平滑度来控制网格扭曲程度。低平滑度适用于扭曲和不稳定的运动画面，高平滑度则可以更准确地遵循平面轨迹，避免网格过度扭曲。
  - Warp Spline（扭曲样条）：选中该复选框，可在进行网格跟踪时通过改变样条的形状，使网格始终保持在样条线内。

4．Adjust Track（调整跟踪模块）

此模块用于对跟踪进行更加精细的调整。其中包含 Transform Type（转换类型）、Reference Points（参考点）、Surface View（表面视图）、Nudge（微移）、Auto Nudge（自动微移）和 Export Data（导出数据），如图 B02-48 所示。下面针对部分功能进行介绍。

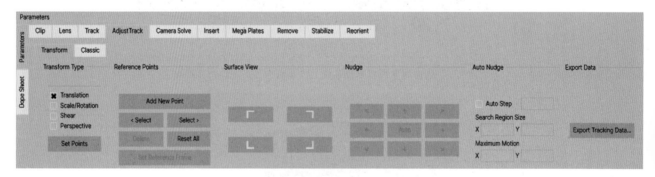

图 B02-48

- **Transform Type**（转换类型）：根据调整方式设置参考点，包含 Translation（平移）、Scala/Rotation（缩放 / 旋转）、Scala（剪切）和 Perspective（透视）。
  - Translation（平移）：根据平移设置 X 或 Y 方向的一个参考点。
  - Scala/Rotation（缩放 / 旋转）：根据画面设置两个点，使得画面在这两个点之间进行缩放或旋转。
  - Scala（剪切）：根据画面设置三个点，调整剪切或倾斜效果。
  - Perspective（透视）：根据画面设置四个点，确保画面的透视关系。单击【Set Points（设置点）】按钮创建参考点，如图 B02-49 所示。

图 B02-49

◆ Reference Points（参考点）：单击【Add New Point（添加点）】按钮添加参考点；单击【Select（选择）】按钮选择上一个参考点或者下一个参考点，为了便于区分选中的参考点，会稍微进行放大处理，如图 B02-50 所示。

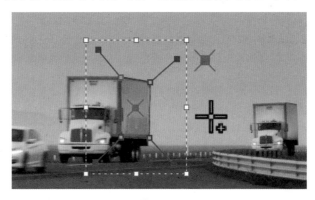

图 B02-50

◆ Surface View（表面视图）：在模块中单击相应按钮，在预览面板左侧会显示 Upper Left Surface（左上表面）、Current Frame（当前帧）和 Next Keyframe（下一个关键帧）三个画面，便于确定对齐曲面的顶点位置，如图 B02-51 所示。

图 B02-51

5. Camera Solve（相机解析模块）

此模块用于解析视频的摄像机数据，获取平面的跟踪信息并将其转化为三维信息。其中包含 Camera（摄像机）和 Focal

Length（焦距），如图 B02-52 所示。

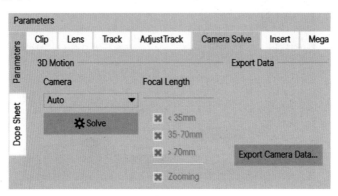

图 B02-52

◆ Camera（摄像机）：可根据摄像机运动类型设置【Solve（解析）】方式，包含 Auto（自动）、Pan, Tilt, Zoom（平移变焦）、Small Parallax（小视差变化）和 Large Parallax（大视差变化）四种。

- Auto（自动）：自动解析摄像机运动数据。
- Pan, Tilt, Zoom（平移变焦）：摄像机通常固定位置进行的平移、倾斜、缩放和变焦运动。
- Small Parallax（小视差变化）：指摄像机未固定在空间中的一个点上，并且有多个可跟踪平面，如墙面和地面、移动物体的正面和侧面。
- Large Parallax（大视差变化）：指相机未固定在空间中的一个点上，并且具有非常靠近相机的可跟踪平面。相对于相机较近的物体比较远的物体拥有更大的视角和移动距离。

◆ Focal Length（焦距）：根据摄像机镜头选择合适焦距。

6. Insert（插入模块）

通过此模块可以导入单帧或序列，选择跟踪图层插入图像，将此新图像与原始背景图层进行匹配。其中包含 Input（导入）、Source（资源）、Comp（比较）、Feather（羽化）和 Transform（变换），如图 B02-53 所示。

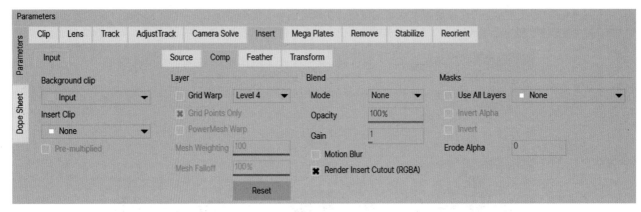

图 B02-53

7. Mega Plates（大板块）

通过此模块可以将原本的视频移除干净并利用生成的底片创建出大场景画面。其中包含 Input（导入）、Output（导出）、Search range（搜索范围）、Illumination Model（光照模型）、Blend Interior（混合内部）和 Mega Cleanplates（全幅清洁底片），如图 B02-54 所示。

图 B02-54

8．Remove（移除模块）

此模块包含 Input（导入）、Search range（搜索范围）、Illumination Model（光照模型）和 Blend Interior（混合内部），如图 B02-55 所示。

图 B02-55

该模块用于移除素材中的多余元素。例如，如果要清理道路上的杂物，需要创建两个跟踪图层，需要移除的图层在上方，背景图层在下方。选择要移除的图层，单击该模块，在【Cleanplate Clip（清洁底片素材）】中选择已有的干净底片或创建新的底片。在预览面板中单击渲染按钮 ◁ ✿ ▷，即可查看替换效果，如图 B02-56 所示。

图 B02-56

9．Stabilize（稳定模块）

此模块用于稳定视频素材。其中包括 Input（导入）、Range（范围）、Output（导出）、Fixed Frames（固定帧）、Smooth

（光滑）、Warp Mapping（变形贴图）、Borders（边框）、Auto Fill（自动填充）、Region（区域）和 Sharpen（锐化），如图 B02-57 所示。下面针对部分功能进行介绍。

图 B02-57

◆ Input（导入）：选择需要稳定的素材。
◆ Range（范围）：选择需要稳定的素材片段。
◆ Output（导出）：导出剪辑。
◆ Fixed Frames（固定帧）：选择一帧画面作为参考进行稳定。一般选择稳定后的一帧，以便进行数据计算。
◆ Smooth（光滑）：通过分析运动方式来稳定镜头。可以选中【All Motion（全部运动）】复选框，或者单独选中【X Translation（X 变换）】【X Shear（X 剪切）】【Y Translation（Y 变换）】【Y Shear（Y 剪切）】【Rotation（旋 转）】【X Perspective（X 透视）】【Zoom（变焦）】【Y Perspective（Y 透视）】复选框。

B02.7　Dope Sheet（关键帧清单）面板

当创建跟踪区域后进行跟踪时，Dope Sheet（关键帧清单）面板会实时显示跟踪关键帧，如图 B02-58 所示。

图 B02-58

B02.8　效果控件

本节讲解当在 Mocha Pro 界面中完成跟踪后保存并返回至【效果控件】中将跟踪效果进行应用，其中包含遮罩、渲染模块、控制网格和跟踪数据，接下来对效果控件中的属性进行讲解。

1．Matte（遮罩）

Matte（遮罩）包含 View Matte（视图遮罩）、Apply Matte（应用遮罩）、Visible Layers（可见图层）、Shape（形状）、Feather（羽化）、Invert Mask（反转蒙版）和 Create AE Masks（创建 AE 蒙版），如图 B02-59 所示。
◆ View Matte（视图遮罩）：选中该复选框后【查看器】面板中会以黑白图的形式显示跟踪区域，如图 B02-60 所示，白色区域为跟踪区域。

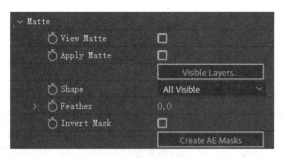

图 B02-59

图 B02-60

◆ Apply Matte（应用遮罩）：选中该复选框后【查看器】面板中会单独显示跟踪区域内的画面，如图 B02-61 所示。

图 B02-61

◆ Visible Layers（可见图层）：单击此按钮，在弹出的【Layers Controls（图层控制）】对话框中选择可见图层，默认图层全部显示，如图 B02-62 所示。

图 B02-62

◆ Shape（形状）：图层遮罩形状显示，其中包含 All Visible（全部可见）和 All（全部）两种。当 Mocha Pro 界面中有图层关闭可视化属性时，设置为【All Visible（全部可见）】时仅显示当前跟踪区域可见图层；设置为【All（全部）】时显示全部跟踪区域图层。

◆ Feather（羽化）：调整遮罩边缘柔和度，通过参数调整羽化值，如图 B02-63 所示。

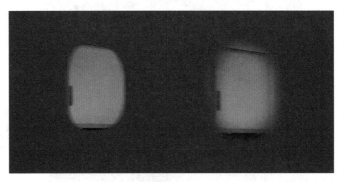

图 B02-63

◆ Invert Mask（反转蒙版）：对图层遮罩进行反转，如图 B02-64 所示。

图 B02-64

◆ Create AE Masks（创建 AE 蒙版）：单击此按钮将在图层上沿跟踪区域生成蒙版，并生成蒙版路径关键帧。

2．Module Renders（渲染模块）

Module Render（渲染模块）包含 Render（启用）、Module（模块）、Warp Quality（扭曲质量）、Insert Layer（插入图层）、Insert Blend Mode（插入混合模式）、Insert Opacity（插入不透明度）、View（视图）、VR Lens Latitude（VR 镜头纬度）、VR Lens Longitude（VR 镜头经度）和 VR Lens FOV（VR 镜头 FOV），如图 B02-65 所示。

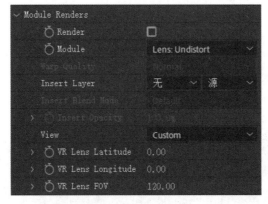

图 B02-65

◆ Render（启用）：选中或取消选中此复选框用于打开或关闭渲染的模块。

◆ Module（模块）：选择合适的渲染模块，其中包括 Insert: Composite（插入：合成）、Insert: Cutout（插入：切口）、Remove（移除）、Stabilize（稳定）、Stabilize:Unwarp（稳定：变形）、Stabilize:Warp（稳定：扭曲）、Lens: Distort（镜头：扭曲）、Lens: Undistort（镜头：不扭曲）和 Reorient（重新调整）九种。

◆ Warp Quality（扭曲质量）：用于控制扭曲的渲染质量，只有渲染模块中选择【Lens: Distort（镜头：扭曲）】或【Lens: Undistort（镜头：不扭曲）】选项时，才会激活此属性。

◆ Insert Layer（插入图层）：自定义图层插入内容，可在 Mocha Pro 界面的【Layer Properties（图层属性）】面板中设置【Insert Clip（插入剪辑）】为【Insert Layer（插入图层）】，在界面中查看替换图层效果。

◆ Insert Blend Mode（插入混合模式）：用于调整插入图层的混合模式，使素材与画面更加融合。

◆ Insert Opacity（插入不透明度）：用于调整 Mocha 项目中插入元素的不透明度。

◆ View（视图）：调整画面视角，默认为正面视图。

◆ VR Lens Latitude（VR 镜头纬度）、VR Lens Longitude（VR 镜头经度）和 VR Lens FOV（VR 镜头 FOV）：当视频素材为 VR 镜头时，可调整纬度、经度和 FOV 参数。

3．PowerMesh（控制网格）

单击【Create Nulls（创建空值）】按钮，可以为跟踪图层生成的跟踪图层顶点创建空对象，如图 B02-66 所示。

图 B02-66

当跟踪图层有 4 个顶点，在【效果控件】中单击【Create Nulls（创建空值）】按钮，在弹出的【Layers Controls（图层控制）】对话框中选择跟踪图层，单击【OK】按钮，会自动在【时间轴】面板中创建顶点的空对象跟踪数据，如图 B02-67 所示，效果如图 B02-68 所示。

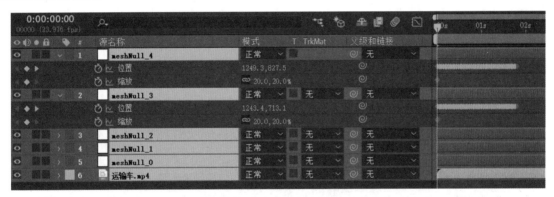

图 B02-67

图 B02-68

4．Tracking Data（跟踪数据）

Tracking Data（跟踪数据）包含 Create Track Data（创建跟踪数据）、Invert（反转）、Top Left（左上角）、Top Right（右上角）、Bottom Left（左下角）、Bottom Right（右下角）、Center（中心点）、Rotation（旋转）、Scale X（缩放 X）、Scale Y（缩放 Y）、Export Option（导出选项）、Layer Export To（图层导出到）和 Apply Export（应用导出），如图 B02-69 所示。

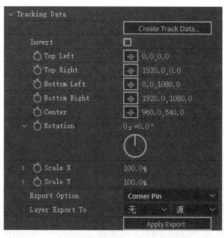

图 B02-69

- Create Track Data（创建跟踪数据）：选择跟踪完成的图层创建跟踪数据。
- Invert（反转）：对跟踪数据进行反转。
- 跟踪数据：包含 Top Left（左上角）、Top Right（右上角）、Bottom Left（左下角）、Bottom Right（右下角）、Center（中心点）、Rotation（旋转）、Scale X（缩放 X）和 Scale Y（缩放 Y）的跟踪数据。
- Export Option（导出选项）：包含 Corner Pin（边角定位）、Corner Pin（Motion Blur）[边角定位（支持动态模糊）] 和 Vary（变换数据），导出选项默认设置为【Corner Pin（边角定位）】。
- Layer Export To（图层导出到）：把跟踪数据应用于自定义图层，为了便于后续调整或更换素材，建议将素材预合成或导入新建的合成。
- Apply Export（应用导出）：将跟踪数据导出至自定义图层上，如图 B02-70 所示，效果如图 B02-71 所示。

图 B02-70

图 B02-71

B02.9　实例练习——汽车广告案例

通过对 Mocha Pro 效果的学习，使用平面跟踪将宣传广告贴合至运输车车厢。本实例的最终效果如图 B02-72 所示。

图 B02-72

操作步骤

01 新建项目，在【项目】面板中导入视频素材"运输车 .mp4"，使用素材创建合成，调整合成持续时间为 6 秒；选中图层 #1"运输车"执行【效果】-【Boris FX Mocha】-【Mocha Pro】菜单命令，在【效果控件】中单击【MOCHA】按钮进入跟踪界面，如图 B02-73 所示。

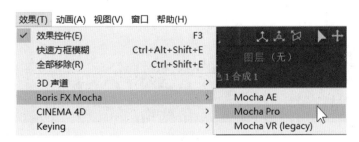

图 B02-73

02 在工具栏中单击图层创建 X 样条工具按钮 ，在预览面板中为"第一辆运输车"绘制 X 样条，为了使跟踪更加准确，沿车厢顶点（样条区域要大于实际跟踪区域），绘制完成后自动创建图层"Layer 1"，如图 B02-74 所示。

图 B02-74

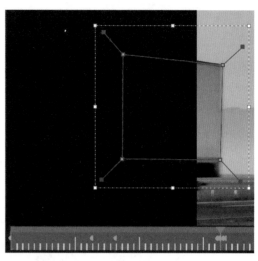

图 B02-75

03 在【跟踪时间轴】中选中图层"Layer 1"，单击跟踪按钮▶。系统会自动计算跟踪点，跟踪从"第一辆运输车"出现到结束画面的完整过程。查看跟踪效果，如果有偏移，需要手动进行调整。在车辆后几帧消失时，需要手动调节样条，并进行逐帧跟踪▐▶，如图 B02-75 所示。

04 根据上述操作为"第二辆运输车"绘制 X 样条，自动创建图层"Layer 2"并进行跟踪。在车辆后几帧消失时，需要手动调节样条，并进行逐帧跟踪▐▶。至此，两辆运输车跟踪完成，如图 B02-76 所示。

图 B02-76

05 接下来选中图层"Layer 1"，在工具栏中单击显示平面按钮⬛和显示平面网格按钮▦，在预览面板中调整替换平面的四个顶点，确定替换图层的放置范围，并参考平面网格贴合运输车的平面透视关系，如图 B02-77 所示。

图 B02-77

06 根据上述步骤调整图层"Layer 2"的替换图层放置范围；完成后单击工具栏中的保存项目按钮![](（制作时要经常单击保存项目按钮或按 Ctrl+S 快捷键保存项目，以防软件突然报错或死机），关闭 Mocha 界面；在【项目】面板中导入提供的图片素材"电商宣传页 .png"，将其拖曳到【时间轴】面板，放在图层"运输车"的上方；为了方便后续操作，单击鼠标右键，在弹出的快捷菜单中执行【预合成】菜单命令，将其命名为"1 车跟踪素材"，按 Ctrl+D 快捷键进行复制，并重命名为"2 车跟踪素材"，如图 B02-78 所示，效果如图 B02-79 所示。

0:00:03:15				
00087 (23.976 fps)				
● ■ #	图层名称		父级和链接	
● > 1	2车跟踪素材	⊙	无	∨
● > 2	1车跟踪素材	⊙	无	∨
● > 3	[运输车.mp4]	⊙	无	∨

图 B02-78

图 B02-79

07 选中图层 #3"运输车"，在【效果控件】中单击【Tracking Data（跟踪数据）】-【Create Track Data（创建跟踪数据）】按钮，在弹出的【Layer Controls（图层控制）】对话框中选择【Layer 1】选项，单击【OK】按钮；接下来，设置【Layer Export TO（图层导出到）】为【2.1 车跟踪素材】，然后单击【Apply Export（应用导出）】按钮，素材会自动贴合到跟踪区域，如图 B02-80 所示。

08 使素材与场景一致，设置图层 #2"1 车跟踪素材"的【混合模式】为【相乘】；执行【效果】-【模糊和锐化】-【摄像机镜头模糊】菜单命令，为了使素材更加真实，添加【模糊半径】关键帧动画，远距离时参数为 1，近距离时参数为 2；为了完善画面，在"第一辆运输车"出画面后按 Alt+] 快捷键设置图层出点，如图 B02-81 所示，效果如图 B02-82 所示。

图 B02-80

图 B02-81

图 B02-82

09 根据上述步骤将图层#1"2车跟踪素材"贴合到跟踪区域，并设置【混合模式】为【相乘】；添加【摄像机镜头模糊】效果，创建【模糊半径】关键帧动画；完善画面，在"第二辆运输车"出画面后按 Alt+] 快捷键设置图层出点，如图 B02-83 所示，效果如图 B02-84 所示。

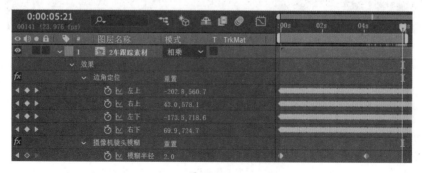

图 B02-83

图 B02-84

10 为了使画面更加干净，对地面的车痕进行遮挡。选中图层 #3 "运输车"，在【效果控件】中单击【MOCHA】按钮进入场景界面，使用创建 X 样条工具沿地面上的车痕边缘绘制跟踪区域，绘制完成后将自动创建图层 "Layer 3" 并进行跟踪，如图 B02-85 所示。

图 B02-85

11 绘制一个比图层 "Layer 3" 更大的地面区域，创建图层 "Layer 4" 并进行跟踪，将图层 "Layer 4" 拖曳至 "Layer 3" 下方，如图 B02-86 所示。

图 B02-86

12 选中图层 "Layer 3" 单击【Remove（移除模块）】按钮，单击【Cleanplate Clip（清洁底片素材）】-【Create（创建）】按钮创建清洁底片，使用 Photoshop 软件对底片中的车痕进行遮挡，如图 B02-87 所示。

调整前　　　　　　　调整后

图 B02-87

13 单击【Edit（编辑）】按钮选择清理完成的清洁底片，在预览面板中单击渲染按钮 ◁ ✿ ▷ 即可查看替换效果。单击【Track（跟踪模块）】-【Export Shape（导出形状）】按钮，在弹出的【Export Shape Data（导出形状数据）】对话框中，设置【Format（格式）】为【Mocha shape data for AE（*.shape4ea）】；单击【Copy to Clipboard（复制到剪切板）】按钮，如图 B02-88 所示。单击保存项目按钮，关闭 Mocha 界面。

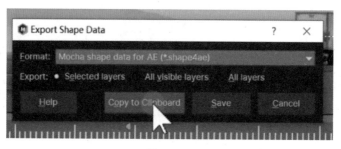

图 B02-88

14 在【项目】面板中导入素材清洁底片"空背景 Input.tif"，如图 B02-89 所示，拖曳到【时间轴】面板中，按 Ctrl+V 快捷键进行粘贴，如图 B02-90 所示。

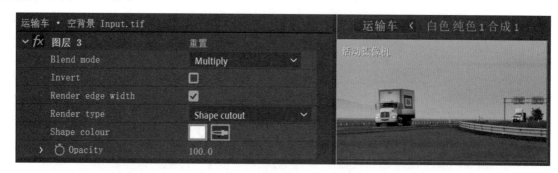

图 B02-89

图 B02-90

15 使清洁底片能贴合地面，新建空对象图层，选中图层 #5"运输车"，将【Layer 3】的跟踪数据导出至图层 #1"空 1"，选择图层 #2"空背景 Input.tif"作为图层 #1"空 1"的子集，如图 B02-91 所示。

图 B02-91

16 至此，汽车广告制作完成，单击 ▶ 按钮或按空格键，查看制作效果。

B02.10 综合案例——赛博朋克案例

公司发现最近社交平台上的赛博朋克效果很受欢迎，于是让小森也制作一个赛博朋克风格的城市效果，使用公司账号发布到平台上积累粉丝。

本案例的最终效果如图 B02-92 所示。

图 B02-92

制作思路

① 对画面进行调色，使其颜色近似于"赛博朋克"风格。

② 使用素材创建跟踪。

③ 根据跟踪点，使用 Motion Factory 脚本添加 HUD 素材。

④ 使用 Mocha Pro 确定具体的跟踪区域。

操作步骤

01 新建项目，新建合成并命名为"赛博朋克风格"。在【项目】面板中导入视频素材"城市街道 .mp4"，拖曳至【时间轴】面板，使用素材创建合成；选择图层 #1"城市街道"素材直行片段，复制一层将其命名为"城市街道调色"。

02 选中图层 #1 "城市街道调色"执行【效果】-【颜色校正】-【Lumetri 颜色】菜单命令，在【效果控件】中调整颜色，使其近似于"赛博朋克"风格。接着，执行【效果】-【颜色校正】-【色阶】菜单命令，在【效果控件】中提升整体风格，如图 B02-93 所示。

图 B02-93

03 选中图层 #2 "城市街道"执行【效果】-【风格化】-【发光】菜单命令，在【效果控件】中更改发光颜色，添加【发光阈值】和【发光强度】关键帧，制作过渡效果；选中图层 #1 "城市街道调色"添加【不透明度】关键帧，如图 B02-94 所示。这样一个由原始色调演变为"赛博朋克"风格的效果就制作完成了，如图 B02-95 所示。

图 B02-94

图 B02-95

04 选中图层 #1 "城市街道调色" 关闭可视化属性；选中图层 #2 "城市街道" 执行【窗口】-【跟踪器】-【跟踪摄像机】菜单命令，等待完成视频分析，选取跟踪点确立透视关系，单击鼠标右键，在弹出的快捷菜单中执行【创建实底和摄像机】菜单命令，如图 B02-96 所示。

图 B02-96

05 丰富画面。执行【窗口】-【拓展】-【Motion Factory】菜单命令，在【Motion Factory】面板中查找合适的 "HUD 元素预设"，单击【AEP】按钮自动在【项目】面板中生成元素文件与合成，如图 B02-97 所示。选中图层 #1 "跟踪实底 1"，按住 Alt 键把 "Equalizer 02" 合成拖曳至图层 #1 "跟踪实底 1" 处替换内容，选中图层 #1 "Equalizer 02" 调整【位置】【缩放】【方向】参数，可以在【Motion Factory】面板中调整元素的颜色和灯光，如图 B02-98 所示。效果如图 B02-99 所示。

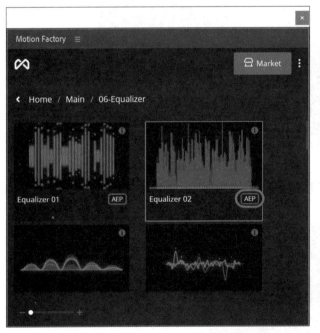

图 B02-97

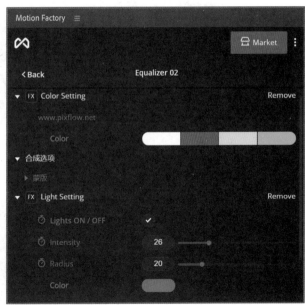

图 B02-98

06 根据上述步骤添加所需的 "HUD 元素预设"，如图 B02-100 所示。

图 B02-99

图 B02-100

07 接下来对画面中移动的"车辆"进行跟踪。选中图层 #17"城市街道"执行【效果】-【Boris FX Mocha】-【Mocha Pro】菜单命令，进入场景界面，添加跟踪区域进行跟踪，如图 B02-101 所示。

图 B02-101

08 把跟踪"公交"的"HUD 元素预设"【Element 07】拖曳至【时间轴】面板，单击鼠标右键新建"预合成"，在【Element 07 合成 1】中调整【Element 07】的【缩放】参数，使画面铺满屏幕；选中图层"城市街道"，在【效果控件】-【Mocha Pro】-【Tracking Data（跟踪数据）】中单击【Create Track Data（创建跟踪数据）】按钮，选择"Layer 1"选项，单击【OK】按钮；设置【Layer Export To（图层展出到）】为"1.Element 07 合成 1"，单击【Apply Export（应用导出）】按钮，将元素自动匹配到跟踪选区，如图 B02-102 所示。

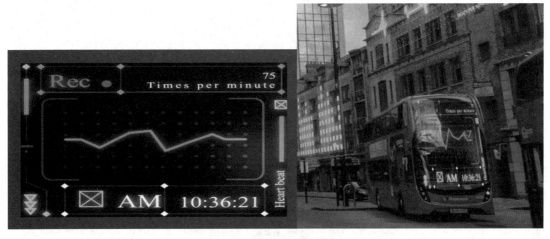

图 B02-102

09 选中图层 #17"城市街道调色"打开可视化属性，方便观察，将【时间轴】面板中的"3D 跟踪器摄像机"隐藏，根据画面调整"HUD 元素预设"的图层入点时间，如图 B02-103 所示。

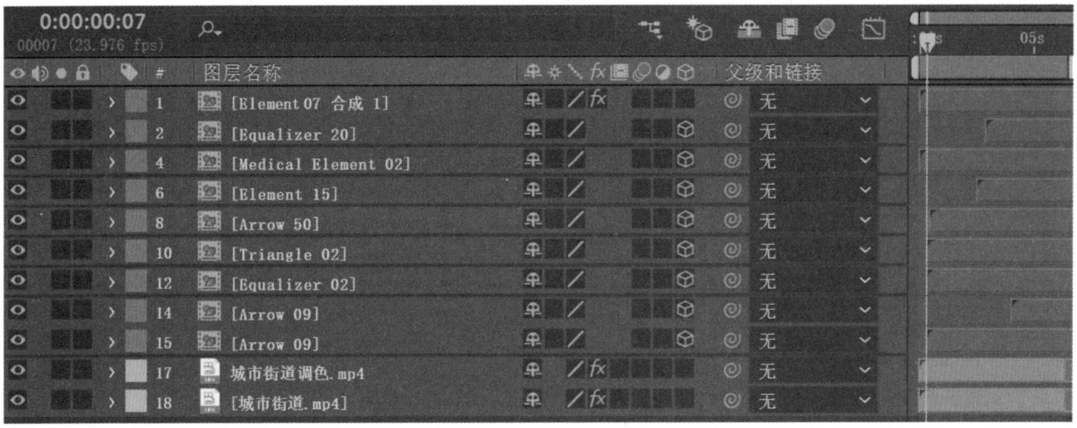

图 B02-103

10 至此，赛博朋克风格的城市制作完成，单击▶按钮或按空格键，查看制作效果。

B02.11 作业练习——废旧街道案例

经过上一次发布"AE"钻石文字视频后，每天都有粉丝催更。小森在回家的路上拍摄了一段视频，觉得很贴合荒芜没落的废旧街道场景，于是回家制作了一个废旧街道视频，上传到视频网站。

本作业原素材如图 B02-104 所示，完成效果如图 B02-105 所示。

图 B02-104

图 B02-105

作业思路

① 新建项目，新建合成并命名为"废旧街道"，将素材"街道"导入合成；新建调整图层，使用【曲线】效果处理天空曝光部分。

② 使用【Mocha Pro】创建跟踪样条，将破旧元素贴合在画面上。

③ 使用【Remove（移除模块）】将画面中的"缆车"清除。

④ 新建调整图层，使用【Lumetri 颜色】效果将画面饱和度降低，体现出破败感。

⑤ 新建纯色图层，使用【Particular】效果制作飘散的树叶，这样废旧街道就制作完成了。

总结

本课学习了 Mocha Pro 平面跟踪插件的使用，在学习了相关基础知识后通过练习和案例掌握跟踪技能。

 读书笔记

Particular 是 Red Giant 公司推出的一款 3D 粒子系统。它具有强大的功能，包括三维一体化摄像机、阴影粒子、照明控制等，还可以结合景深效果，使画面更加真实。为了实现真实的物理效果，Particular 还添加了流体动力学，可以产生各种各样的自然效果。除了纯粒子效果，Particular 还可以用于制作云、烟雾、火焰等效果，如图 B03-1 所示。

图 B03-1

B03.1 Particular 界面

新建纯色图层，执行【效果】-【RG Trapcode】-【Particular】菜单命令，在【效果控件】中单击【Designer】按钮进入【Trapcode Particular Designer】面板，下面将具体讲解 Particular 界面，如图 B03-2 所示。

图 B03-2

◆ 预设面板：可以查看系统自带的粒子预设。这些预设包括使用单个发射器制作的单一类型的粒子，以及使用多个发射器在元素中创建的多种类型的粒子。可以在面板中找到保存系统按钮凹，单击保存系统按钮即可将完成的粒子效果存储为预设，如图 B03-3 所示，效果如图 B03-4 所示。

图 B03-3

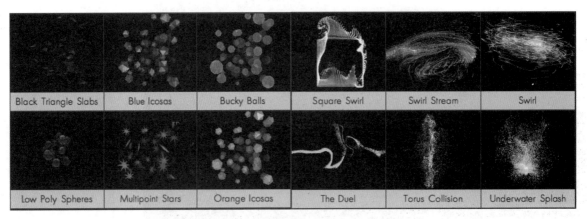

图 B03-4

◆ 预览面板：通过预览窗口，可以实时查看粒子效果。按住鼠标左键移动粒子，模拟发射器的运动效果。想要查看最终效果，单击界面下方的【Apply（应用）】按钮，然后在 After Effects 软件中进行效果优化，如图 B03-5 所示。

◆ 效果面板：效果面板与【BLOCKS】模块相对应，选择效果便可打开对应属性控制，双击鼠标右键切换模块，如图 B03-6 所示。

◆ 模块与控制面板：单击蓝色箭头按钮即可展开或关闭【BLOCKS】模块，共有 5 个模块，分别是 Emitter（发射器模块）、Particle（粒子模块）、Physics（物理模块）、Displace（置换模块）和 Lighting（灯光模块），如图 B03-7 所示。

◆ 控制面板：可对效果进行具体的设置，关于此内容的详细知识在 B03.2 节中讲解。

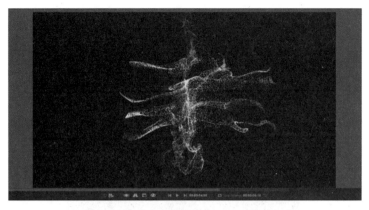

图 B03-5

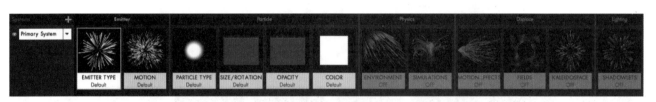

图 B03-6

BLOCKS >

Emitter　Particle　Physics　Displace　Lighting

图 B03-7

B03.2　Particular 界面设置

　　Particular 界面设置主要是讲解效果面板，效果包含发射器类型、运动方式、粒子类型和环境等共 12 个对应属性，如图 B03-8 所示，接下来就具体讲解一下 Particular 效果。

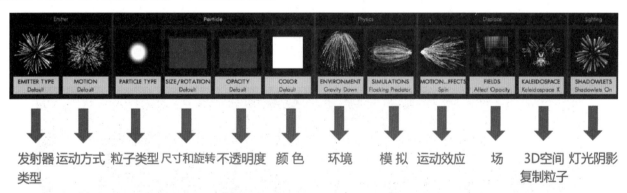

图 B03-8

1. EMITTER TYPE（发射器类型）

　　发射器是制作粒子效果的基石，EMITTER TYPE（发射器类型）包含 Preset（预设）、Emitter Type（发射器类型）、Emitter Behavior（发射器行为模式）、Particles/sec（粒子 / 秒）、Position（位置）和 Lights Unique Seeds（灯光唯一种子），如图 B03-9 所示。

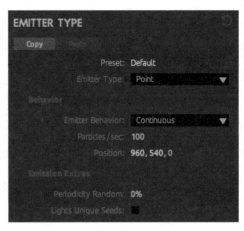

图 B03-9

◆ Preset（预设）：发射器类型包括 Default（模拟常规的放射状）、Box（盒子）、Grid（网格）、Light Emitter（光线发射器）、Model Emitter（模型发射器）、Sphere（球形）、Text Edges（文字边发射器）和 Text Faces（文字面发射器），如图 B03-10 所示。

图 B03-10

◆ Emitter Type（发射器类型）：自定义粒子的发射器类型，默认设置为 Point（点），各选项介绍如下。

　　◉ Point（点）：粒子在空间中以单个点向外发射。

　　◉ Box（盒子）：粒子从立体盒子中向外发射。

　　◉ Sphere（球形）：粒子从球形区域向外发射。

　　◉ Light(s)（灯光）：需要新建灯光，根据灯光的位置和方向向外发射粒子。

　　◉ Layer（图层）：粒子根据图层的位置和方向向外发射，需要打开图层的 3D 属性。

　　◉ 3D Model（模型）：粒子根据模型的表面向外发射。

　　◉ Text/Mask（文本 / 遮罩）：将文本或者遮罩作为粒子的发射源。

　　◉ Emit from Parent System（从父系统发出）：粒子从所选父系统的每个粒子发射，只有在添加第二个粒子系统时才会出现此选项，如图 B03-11 和图 B03-12 所示。

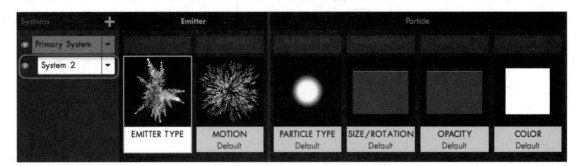

图 B03-11

◆ Emitter Behavior（发射器行为模式）：用于控制发射方式，其中包含 Continuous（连续发射）、Explode（爆炸发射）、From Emitter Speed（根据发射器速度）、Dynamic Form（动态形式）和 Classic Form（传统形式）。

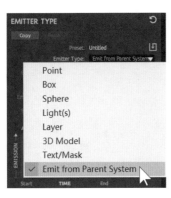

图 B03-12

◆ Particles/sec（粒子 / 秒）：用于控制每秒发射粒子数量，如图 B03-13 所示。

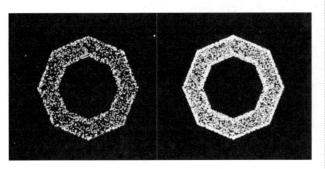

图 B03-13

◆ Position（位置）：设置发射器 X、Y、Z 轴的位置属性。
◆ Lights Unique Seeds（灯光唯一种子）：使用多个灯光发射器时，每个灯光发射器保留不同的粒子形态。

2. MOTION（运动方式）

对发射器的运动方式进行调整，MOTION（运动方式）包含 Preset（预设）、Direction（方向）、Direction Spread（扩展方向）、Random Seed（随机）、X/Y/Z Rotation（旋转）、Velocity（速度）、Velocity Random（速度随机）、Velocity

Distribution（速度分布）、Velocity from Emitter Motion（从发射器运动速度）和 Velocity Over Life（速度随寿命变化），如图 B03-14 所示。

图 B03-14

◆ Preset（预设）：运动方式包括 Default（常规）、Bidirectional（双向）、Directional（定向）、Disc（圆盘）、Inward（向内）、Outward（向外）和 Zero Motion（均匀散布无运动），如图 B03-15 所示。

 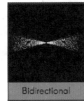     

图 B03-15

◆ Direction（方向）：用于设置粒子的发射方向，默认设置为 Uniform（统一），各选项介绍如下。

  ◉ Uniform（统一）：扩散发射。
  ◉ Directional（定向）：根据特定方向进行发射。
  ◉ Bi-Directional（双向）：同时向两个相反的方向发射。
  ◉ Disc（圆盘）：粒子随着时间向外发射形成圆盘。

◉ Outwards（向外）：由发射器中心向外发射。

◉ Inwards（向内）：由发射器外向中心发射。

当发射器类型为【Point（点）】时，Outwards 和 Inwards 效果与 Uniform 效果相同，这两项适用于【3D Model（模型）】或【Text/Mask（文本 / 遮罩）】发射器，如图 B03-16 所示。

图 B03-16

◆ Direction Spread（扩展方向）：通过调整参数控制粒子的扩散程度，如图 B03-17 所示。

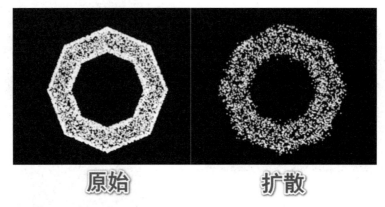

图 B03-17

◆ Random Seed（随机）：使粒子的扩散方向随机产生变化。

◆ X/Y/Z Rotation（旋转）：通过调整参数控制发射器在三维空间中的旋转属性，单独控制每个方向上的旋转。

◆ Velocity（速度）：通过调整参数控制粒子的运动速度，如图 B03-18 所示。

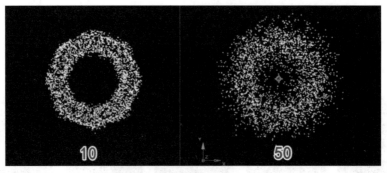

图 B03-18

◆ Velocity Random（速度随机）：使粒子的运动速度产生随机变化。

◆ Velocity Distribution（速度分布）：通过调整参数控制粒子速度的分布。

◆ Velocity from Emitter Motion（从发射器运动速度）：通过调整参数控制粒子从发射器内起始的运动速度。

◆ Velocity Over Life（速度随寿命变化）：通过曲线调整粒子持续时间内的速度变化。

3. PARTICLE TYPE（粒子类型）

对粒子类型属性进行调整，PARTICLE TYPE（粒子类型）包含 Preset（预设）、Particle Type（粒子类型）、Life (seconds)

（粒子寿命）、Life Random（随机寿命）、Particle Feather（粒子羽化）、Aspect Ratio（纵横比）、Mass（质量）、Mass Random（随机质量）、Size Affects Mass（大小影响质量）、Air Resistance（空气阻力）、Air Resistance Random（空气阻力随机）、Size Affects Air Resistance（大小影响空气阻力）、Rotational Air Resistance（旋转空气阻力）、Blend Mode（混合模式）和 Blend Over Life（混合模式随寿命变化），如图 B03-19 所示。

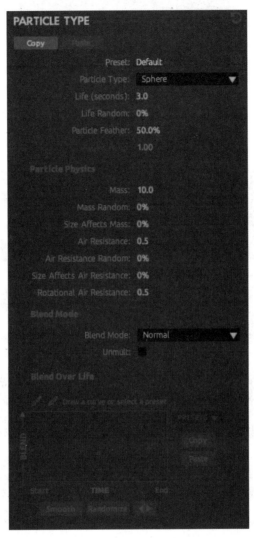

图 B03-19

◆ Preset（预设）：粒子类型包括 Default（常规）、Cloudlet（云）、Glow Sphere（辉光球）、Sprite（自定义粒子）、Star（星星）和 Streaklet（散粒子），如图 B03-20 所示；当粒子属性为【Sprite（自定义粒子）】时，粒子形状可以在【Sprite】模块中选择，如图 B03-21 所示。

图 B03-20

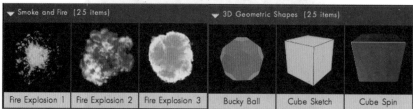

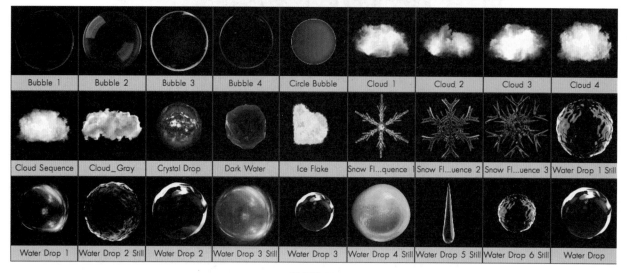

图 B03-21

◆ **Particle Type**（粒子类型）：用于设置粒子类型，默认设置为 Sphere（球形粒子），其中各选项介绍如下。

　　◎ Sphere（球形粒子）：圆形粒子。

　　◎ Glow Sphere (No DOF)（发光球形）：粒子为发光球体，在属性中可以调整粒子羽化和辉光度。

　　◎ Star(No DOF)（星星粒子）：粒子呈星星状，在属性中可以调整旋转角度和辉光度。

　　◎ Cloudlet（云）：可以调整羽化。

　　◎ Streaklet（散粒子）：与云朵相似，是比云朵更为分散的球形粒子。

　　◎ Sprite（自定义粒子）：可以根据需要自定义粒子的外观。

◆ **Life (seconds)**（粒子寿命）：通过调整参数控制粒子从出现到消失所持续的时长，单位为秒，默认参数为 3.0。

◆ **Life Random**（随机寿命）：通过调整参数控制粒子寿命的随机性，使粒子的持续时长有更多变化。

◆ **Particle Feather**（粒子羽化）：通过调整参数控制粒子的羽化程度。

◆ **Aspect Ratio**（纵横比）：通过调整参数控制粒子纵横比。

- Mass（质量）：通过调整参数控制粒子的自身重量，粒子的重力和风力等都会受到质量参数的影响。

- Mass Random（随机质量）：通过调整参数控制粒子质量随机值，使粒子质量有更多变化。

- Size Affects Mass（大小影响质量）：粒子的大小影响质量，当粒子大小产生变化时，其质量也会随之更改，当参数设置为 0% 时，粒子质量不受大小影响。

- Air Resistance（空气阻力）：通过调整参数控制粒子与空气接触所产生的阻力参数，对于物理环境控制也会产生影响，如重力、风力和湍流。

- Air Resistance Random（空气阻力随机）：通过调整参数控制粒子空气阻力随机值，使粒子对于空气阻力有更多变化。

- Size Affects Air Resistance（大小影响空气阻力）：粒子的大小影响空气阻力，当粒子大小产生变化时，其空气阻力也会随之更改，当参数设置为 0% 时，粒子空气阻力不受大小影响。

- Rotational Air Resistance（旋转空气阻力）：通过调整参数控制粒子与空气阻力接触时产生旋转运动。

- Blend Mode（混合模式）：类似 AE 软件中的【混合模式】属性，包括 Normal（正常）、Add（相加）、Screen（叠加）、Lighten（变亮）、Normal Add over Life（相加模式随寿命）和 Normal Screen over Life（叠加模式随寿命），如图 B03-22 所示。还可以选中【Unmult（去黑）】复选框。

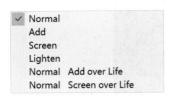

图 B03-22

- Blend Over Life（混合模式随寿命变化）：通过曲线调整粒子持续时间内的混合模式。

4. SIZE/ROTATION（尺寸和旋转）

对单个粒子的尺寸和旋转属性进行调整，SIZE/ROTATION（尺寸和旋转）包含 Preset（预设）、Size（大小）、Size Random（随机大小）、Size Over Life（尺寸随寿命变化）、Orient to Motion（定向运动）、Orient to Motion Fade-in（淡入定向运动）、Rotate X/Y/Z（旋转 X/Y/Z）、Random Rotation（随机旋转）、Degrees/sec X/Y/Z（X/Y/Z 旋转速度）、Random Speed Rotate（随机旋转速度）和 Random Speed Distribution（随机速度分布），如图 B03-23 所示。

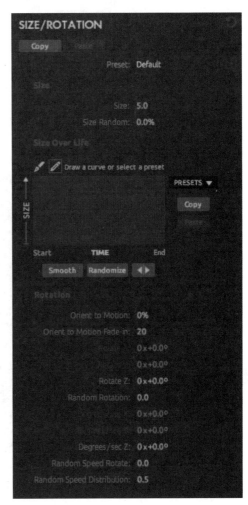

图 B03-23

- Preset（预设）：尺寸随寿命变化的类型包括 Default（常规）、Bell Curve（贝塞尔曲线）、Decrease and Flicker（减少和闪烁）、Ease Mid Cycle（缓和中周期）和 Linear Scale（线性尺寸），如图 B03-24 所示。

图 B03-24

◆ Size（大小）：通过调整参数控制粒子生成时的大小参数。

◆ Size Random（随机大小）：通过调整参数控制粒子大小随机值，使粒子大小有更多变化。

◆ Size Over Life（尺寸随寿命变化）：除预设之外，还可以通过曲线自定义调整粒子持续时间内的尺寸大小。

◆ Orient to Motion（定向运动）：通过调整参数控制粒子定位移动方向，

◆ Orient to Motion Fade-in（淡入定向运动）：通过调整参数控制粒子适应运动变化的速度。

◆ Rotate X/Y/Z（旋转 X/Y/Z）：通过调整参数控制粒子 X、Y、Z 轴的旋转属性，单独控制每个方向上粒子的旋转。

◆ Random Rotation（随机旋转）：通过调整参数控制粒子旋转随机值，使粒子旋转有更多变化。

◆ Degrees/sec X/Y/Z（X/Y/Z 旋转速度）：通过调整参数控制粒子持续时间内 X/Y/Z 轴的旋转速度，单位为秒。

◆ Random Speed Rotate（随机旋转速度）：通过调整参数控制粒子旋转速度随机值，使粒子旋转速度有更多变化。

◆ Random Speed Distribution（随机速度分布）：对旋转速度的随机参数进行调整。

5．OPACITY（不透明度）

对单个粒子的不透明度进行调整，OPACITY（不透明度）包含 Preset（预设）、Opacity（不透明度）、Opacity Random（随机不透明度）和 Opacity Over Life（不透明度随寿命变化），如图 B03-25 所示。

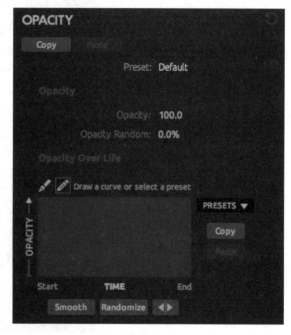

图 B03-25

◆ Preset（预设）：不透明度随寿命变化的类型包括 Default（常规）、Bell Curve（贝塞尔曲线）、Ease Opacity Mid（缓和衰减）、Fade and Flicker（消失并闪烁）和 Linear Fade（逐渐消失），如图 B03-26 所示。

图 B03-26

◆ Opacity（不透明度）：通过调整参数控制粒子不透明度。

◆ Opacity Random（随机不透明度）：通过调整参数控制粒子不透明随机值，使粒子不透明度有更多变化。

◆ Opacity Over Life（不透明度随寿命变化）：除预设之外，还可以通过曲线自定义粒子持续时间内的不透明度。

6. COLOR（颜色）

对单个粒子的颜色属性进行调整，COLOR（颜色）包含 Preset（预设）、Set Color（设置颜色）、Color（颜色）、Color Random（颜色随机）和 Color Gradient（颜色梯度），如图 B03-27 所示。

图 B03-27

◆ Preset（预设）：粒子颜色类型包括 Default（常规）和其余的颜色预设共 35 种，如图 B03-28 所示。

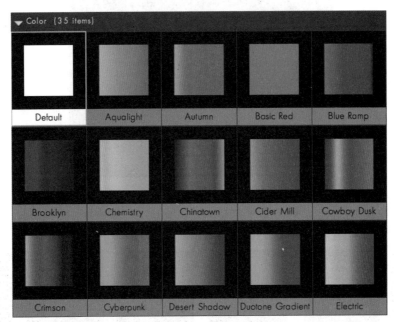

图 B03-28

◆ Set Color（设置颜色）：设置颜色的出现方式包含 At Start（开始时）、Random from Gradient（从梯度随机）、Over X（超过 X）、Over Y（超过 Y）、Over Z（超过 Z）、Radially（径向）、From Light Emitter（从光发射器）和 Over Life（超过寿命）。
◆ Color（颜色）：通过调整色值更改粒子颜色。
◆ Color Random（颜色随机）：通过调整参数控制粒子颜色的随机值，使粒子颜色有更多变化。
◆ Color Gradient（颜色梯度）：除预设之外，还可以自定义渐变颜色。

7．ENVIRONMENT（环境）

对粒子物理环境进行调整，ENVIRONMENT（环境）包含 Preset（预设）、Gravity（重力）、Wind X/Y/Z（风）、Air Density（空气密度）、Affect Position（影响位置）、Affect Orientation/Spin（影响粒子方向／旋转）、Move with Wind（风力湍流）、Scale（规模）、Complexity（复杂度）、Octave Multiplier（倍增乘数）、Octave Scale（倍增规模）、Evolution Speed（演化速度）、Evolution Offset（演化偏移）和 Offset X/Y/Z（偏移），如图 B03-29 所示。

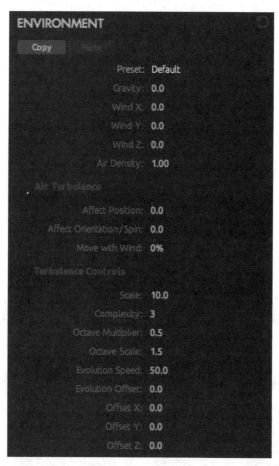

图 B03-29

◆ Preset（预设）：物理环境类型包括 Default（常规）、Gravity Down（重力下降）、Turbulent Gravity（湍流重力）、Turbulent Position（湍流位置）和 Turbulent Wind（湍流风力），如图 B03-30 所示。

图 B03-30

◆ Gravity（重力）：通过调整参数控制粒子下落的重力，模拟真实环境下物体下落受到重力加速度影响。

◆ Wind X/Y/Z（风）：通过调整参数控制 X/Y/Z 轴方向风力大小，单独控制每个方向上的风力。

◆ Air Density（空气密度）：通过调整参数控制粒子在空气中移动的难易程度。

◆ Affect Position（影响位置）：通过调整参数控制空气湍流影响粒子的位置。

◆ Affect Orientation/ Spin（影响粒子方向 / 旋转）：通过调整参数影响粒子移动方向或旋转程度。
◆ Move with Wind（风力湍流）：通过调整参数控制风 X、Y、Z 属性，使粒子随风移动。
◆ Scale（规模）：通过调整参数控制湍流的规模大小。
◆ Complexity（复杂度）：通过调整参数控制湍流的复杂度。
◆ Octave Multiplier（倍增乘数）：通过设置参数进一步调整湍流场的复杂度。
◆ Octave Scale（倍增规模）：通过设置参数进一步调整湍流场内的噪波规模。
◆ Evolution Speed（演化速度）：用于调整湍流场随时间演化的速度。
◆ Evolution Offset（演化偏移）：用于调整粒子演化的偏移量。
◆ Offset X/Y/Z（偏移）：通过调整参数控制粒子在湍流场的 X/Y/Z 轴偏移，单独控制每个方向上的偏移。

8. SIMULATIONS（模拟）

模拟真实场景内粒子的运动效果，SIMULATIONS（模拟）包含 Bounce（弹跳）、Meander（蜿蜒）、Flocking（吸引 / 排斥）和 Fluid（流体）四种效果，如图 B03-31 所示。

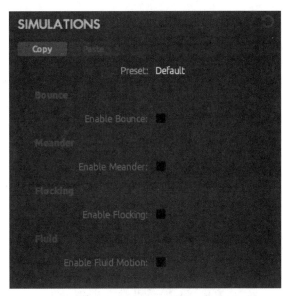

图 B03-31

◆ Bounce（弹跳）：使粒子在合成中自定义的图层上进行反弹，选中【Enable Bounce（启用弹跳）】复选框，应用此效果，最多可设置三个图层。Bounce（弹跳）包含 Bounce Layer（弹跳层）、Bounce Mode（弹跳模式）、Collision Event（碰撞事件）、Bounce Strength（弹跳强度）、Bounce Random（随机反弹）和 Slide Friction（滑动摩擦）属性，如图 B03-32 所示，效果如图 B03-33 所示。

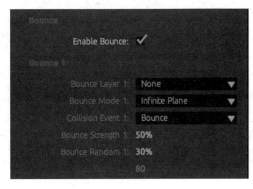

图 B03-32

图 B03-33

◆ Meander（蜿蜒）：使粒子受到质量的影响而产生蜿蜒曲折的效果，选中【Enable Meander（启用蜿蜒）】复选框，应用此
效果。Meander（蜿蜒）包含 Affect Direction（影响方向）和 Affect Speed（影响速度），【Meander Controls（蜿蜒控制）】
属性可以对蜿蜒效果进行更加细致的调整，其中包含 M Scale（规模）、M Complexity（复杂度）、M Octave Multiplier（倍
增乘数）、M Octave Scale（倍增规模）、M Evolution Speed（演化速度）和 M Evolution Offset（演化偏移），如图 B03-34
所示，效果如图 B03-35 所示。

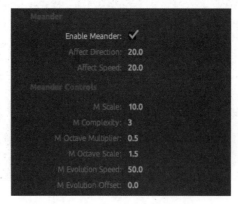

图 B03-34

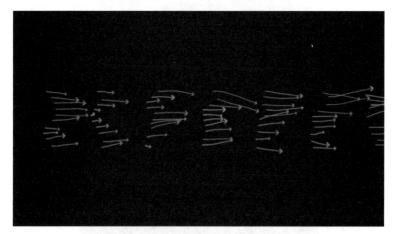

图 B03-35

◆ Flocking（吸引 / 排斥）：影响粒子行为和相互方式，使其产生相互吸引或排斥的效果，选中【Enable Flocking（启用吸

引/排斥）】复选框，如图 B03-36 所示，应用此效果。Flocking（吸引/排斥）包含 Attract（吸引力）、Separate（分离）、Align（对齐控制）、Predator/Prey Behavior（捕食者/猎物行为）、Target Position（目标位置）、Target Attraction（目标吸引力）、Maximum Speed（最大速度）、Range of View（视图范围）、Range of View Falloff（视图衰减范围）和 Field of View（视野），如图 B03-37 所示，效果如图 B03-38 所示。

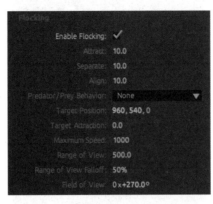

图 B03-36

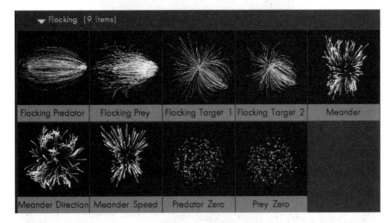

图 B03-37

图 B03-38

◆ Fluid（流体）：使粒子模拟液体的运动效果，选中【Enable Fluid Motion（启用流体运动）】复选框，如图 B03-39 所示，应用此效果。Fluid（流体）包含 Fluid Force（流体力）、Apply Force（作用力）、Force Relative Position（力位置）、Force Region Size（力范围）、Buoyancy（浮力）、Random Swirl（随机旋涡）、Random Swirl XYZ（随机旋涡 X/Y/Z）、Swirl

Scale（旋涡比例）、Fluid Random Seed（流体随机种子）、Vortex Strength（浮力）、Vortex Core Size（浮力大小）、Vortex Tilt（浮力倾斜）、Vortex Rotate（浮力旋转）、Visualize Relative Density（可视密度）、Fluid Viscosity（流体黏滞性）和 Fluid Simulation Fidelity（流体模拟真实度），如图 B03-40 所示，效果如图 B03-41 所示。

图 B03-39

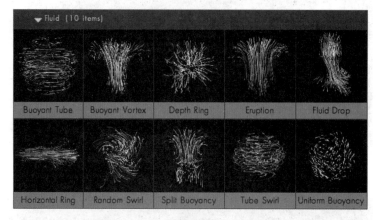

图 B03-40

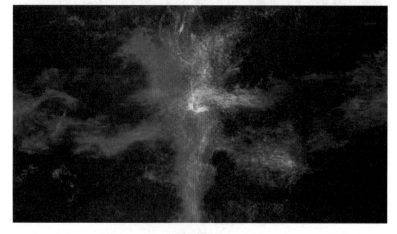

图 B03-41

9. MOTION EFFECTS（运动效应）

对单个粒子运动效应进行调整，MOTION EFFECTS（运动效应）包含 Preset（预设）、Drift X/Y/Z（飘移）、Spin Amplitude（自旋振幅）、Spin Frequency（自旋频率）、Fade-in Spin(seconds)（淡入自旋）和 Motion Path（运动路径），如图 B03-42 所示。

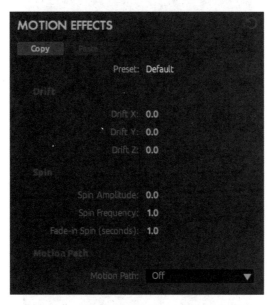

图 B03-42

- ◆ Preset（预设）：运动效应类型包括 Default（常规）和 Motion effects（运动效应）两种。Motion effects（运动效应）包含 Disperse and Twist (Form Only)［分散和扭转（仅表）］和 Drift and Spin（飘移和旋转）两类；其中 Disperse and Twist(Form Only)［分散和扭转（仅表）］包含 Disperse（分散）、Twist（扭曲）、Twist Roll（扭曲滚动）和 Twist Yow（扭曲偏转）四种预设；Drift and Spin（飘移和旋转）包含 Drift X and Spin（X 轴偏移和旋转）、Drift Y and Spin（Y 轴偏移和旋转）、Drift Z and Spin（Z 轴偏移和旋转）和 Spin（旋转）四种预设，如图 B03-43 所示。

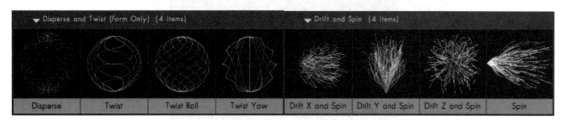

图 B03-43

- ◆ Drift X/Y/Z（飘移）：通过调整参数控制 X/Y/Z 轴飘移，单独控制每个方向上粒子的飘移程度。
- ◆ Spin Amplitude（自旋振幅）：通过调整参数控制粒子自旋效果。
- ◆ Spin Frequency（自旋频率）：通过调整参数控制粒子在移动时自旋的速度。
- ◆ Fade-in Spin (seconds)（淡入自旋）：通过参数调整粒子受到自旋影响随着时间的推移逐渐淡入的效果，单位为秒。
- ◆ Motion Path（运动路径）：自定义发射器跟随灯光运动路径，使用时需要创建灯光。

10. FIELDS（场）

对粒子湍流场进行调整，FIELDS（场）包含 Preset（预设）、TF Affect Size（影响大小）、TF Affect Opacity（影响不透明度）、TF Displacement Mode（位移模式）、Fade-in Time (seconds)（淡入时间）、Fade-in Curve（淡入曲线）、TF Scale（湍流比例）、TF Complexity（湍流复杂度）、TF Octave Multiplier（湍流倍增乘数）、TF Octave Scale（湍流倍增规模）、TF Evolution Speed（湍流演化速度）、TF Evolution Offset（湍流演化偏移）、TF Offset X/Y/Z（湍流偏移 X/Y/Z）、Flow X/Y/Z（涌动 X/Y/

Z）、Loop Time[sec]（循环时间）、TF Move with Wind（湍流随风移动）、TF Move with Drift（飘移移动）、Strength（强度）、Radius（半径）、Sphere Position（球体位置）、Scale X/Y/Z（比例）、X/Y/Z Rotation（X/Y/Z 旋转）和 Feather（羽化），如图 B03-44 所示。

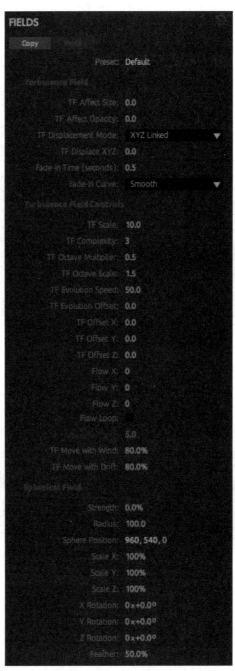

图 B03-44

◆ Preset（预设）：湍流场类型包括 Default（常规）、Affect Opacity（影响不透明度）、Affect Size（影响尺寸）、Displacement（置换）、Sphere Displace（球体展开），如图 B03-45 所示。

◆ TF Affect Size（影响大小）：通过调整参数控制粒子大小受湍流的影响程度。

◆ TF Affect Opacity（影响不透明度）：通过调整参数控制粒子不透明度受湍流的影响程度。

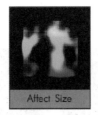

图 B03-45

◆ TF Displacement Mode（位移模式）：调整位移模式，其中包含 XYZ Linked（连接 XYZ）、XYZ Individual（单独 XYZ 轴）和 Radial（放射），如图 B03-46 所示。

图 B03-46

◆ Fade-in Time (seconds)（淡入时间）：调整粒子受到湍流场影响的淡入时间，单位为秒。

◆ Fade-in Curve（淡入曲线）：通过曲线控制湍流场的淡入效果，Fade-in Curve 包含 Linear（线性）和 Smooth（平滑）两种模式。

◆ TF Scale（湍流比例）：调整湍流场的规模大小。

◆ TF Complexity（湍流复杂度）：调整湍流场的复杂度。

◆ TF Octave Multiplier（湍流倍增乘数）：通过设置参数进一步调整湍流场的复杂度。

◆ TF Octave Scale（湍流倍增规模）：通过设置参数进一步调整湍流场内的噪波规模。

◆ TF Evolution Speed（湍流演化速度）：调整湍流场随时间演化的速度。

◆ TF Evolution Offset（湍流演化偏移）：调整湍流场演化的偏移量。

◆ TF Offset X/Y/Z（湍流偏移 X/Y/Z）：调整粒子在湍流场中沿 X/Y/Z 轴偏移。

◆ Flow X/Y/Z（涌动 X/Y/Z）：调整粒子在湍流场中沿 X/Y/Z 轴运动速度。

◆ Loop Time[sec]（循环时间）：设置湍流的循环时长，单位为秒。

◆ TF Move with Wind（湍流随风移动）：通过调节风 X、Y、Z 属性移动湍流场，使粒子随风移动。

◆ TF Move with Drift（飘移移动）：通过调节飘移 X、Y、Z 属性移动湍流场，使粒子跟随飘移。

◆ Strength（强度）：调节粒子受到球面场影响的程度。

◆ Radius（半径）：调整球面场的半径大小。

◆ Sphere Position（球体位置）：设置球面场的 X、Y、Z 轴的位置属性。

◆ Scale X/Y/Z（比例）：设置球面场的 X、Y、Z 轴的缩放属性。

◆ X/Y/Z Rotation（X/Y/Z 旋转）：设置球面场的 X、Y、Z 轴的旋转属性。

◆ Feather（羽化）：调节球面场边缘柔和度。

11．KALEIDOSPACE（3D 空间复制粒子）

对粒子效果进行镜像复制，KALEIDOSPACE（3D 空间复制粒子）包括 Preset（预设）、Mirror On X（镜像 X 轴）、Mirror On Y（镜像 Y 轴）、Mirror On Z（镜像 Z 轴）、Behaviour（模式）、Center Position（中心位置），如图 B03-47 所示。

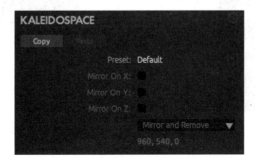

图 B03-47

◆ Preset（预设）：复制粒子类型包括 Default（常规）、Kaleidospoce X（复制 X 轴）、Kaleidospoce Y（复制 Y 轴）和 Kaleidospace z（复制 Z 轴），如图 B03-48 所示。

图 B03-48

◆ Mirror On X（镜像 X 轴）：选中此复选框，粒子将沿水平方向 X 轴产生对称效果，如图 B03-49 所示。

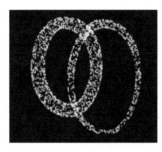

图 B03-49

◆ Mirror On Y（镜像 Y 轴）：选中此复选框，粒子将沿垂直方向 Y 轴产生对称效果，如图 B03-50 所示。

图 B03-50

◆ Mirror On Z（镜像 Z 轴）：选中此复选框，粒子将沿纵深方向 Z 轴产生对称效果，如图 B03-51 所示。

图 B03-51

◆ Behaviour（模式）：包含 Mirror and Remove（镜像和删除）和 Mirror Everything（镜像所有）。其中镜像和删除操作指镜像时另一半图层会被删除。
◆ Center Position（中心位置）：调整对称中心位置参数。

12. SHADOWLETS（灯光阴影）

调整粒子受灯光照射时产生的粒子阴影，SHADOWLETS（灯光阴影）包含 Preset（预设）、Enable Lighting（启用照明）、Nominal Distance（光源强度）、Enable Shadowlets（启用阴影）、Match Particle Shape（匹配粒子形状）、Softness（柔和度）、Shadowlet Color（阴影颜色）、Color Strength（颜色强度）、Shadowlet Opacity（阴影不透明度）、Adjust Size（调整大小）、Adjust Distance（调整距离）和 Placement（放置），如图 B03-52 所示。

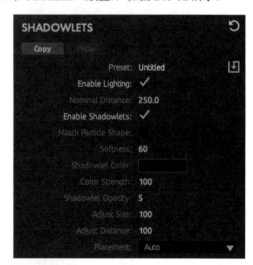

图 B03-52

◆ Preset（预设）：灯光阴影类型包括 Default（常规）和 Shadowlets On（打开灯光阴影）两种。
◆ Enable Lighting（启用照明）：选中此复选框启用灯光照明。
◆ Nominal Distance（光源强度）：通过调整参数控制光源

的影响范围。

◆ Enable Shadowlets（启用阴影）：选中此复选框启用灯光阴影，如图 B03-53 所示。

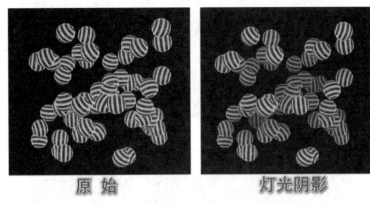

图 B03-53

◆ Match Particle Shape（匹配粒子形状）：调整灯光阴影与粒子原始形状匹配程度。

◆ Softness（柔和度）：调整灯光阴影的边缘羽化参数，默认参数为 60，如图 B03-54 所示。

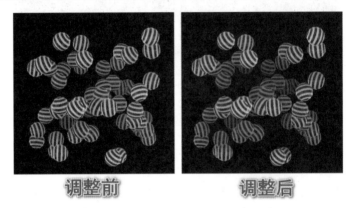

图 B03-54

◆ Shadowlet Color（阴影颜色）：调整灯光阴影的颜色设置，如图 B03-55 所示。

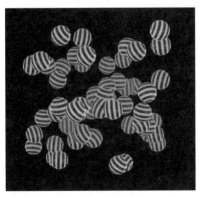

图 B03-55

◆ Color Strength（颜色强度）：调整灯光阴影与原始粒子颜色的混合程度。

◆ Shadowlet Opacity（阴影不透明度）：通过调整参数控制灯光阴影的不透明度，如图 B03-56 所示。

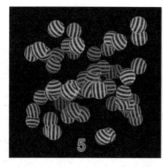

图 B03-56

◆ Adjust Size（调整大小）：通过调整参数控制灯光阴影的覆盖范围，如图 B03-57 所示。

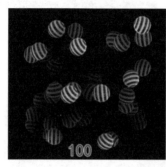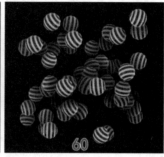

图 B03-57

◆ Adjust Distance（调整距离）：通过调整参数控制灯光阴影与灯光的移动距离。

◆ Placement（放置）：选择灯光阴影在三维空间中的放置位置，默认为 Auto（自动），如图 B03-58 所示，对其中各选项介绍如下。

　　◐ Auto（自动）：自动选择最佳位置。
　　◐ Project（项目）：将灯光阴影放置在灯光所在位置。
　　◐ Always behind（总是在后面）：灯光阴影在粒子后放置。
　　◐ Always in front（总是在前面）：灯光阴影在粒子前放置。

图 B03-58

B03.3　Particular 效果控件

　　本节讲解 Particular 效果，它是把【Trapcode Particular Designer】面板的属性整合至【效果控件】中，在此基础上还包括全局控制、灯光、能见度和渲染等相关设置，接下来对 Particular 效果控件进行详细讲解。

1．Show Systems

　　Show Systems（显示系统）用于展示当前存在的粒子系统，方便用户观察系统中的粒子数量。单击可视化按钮 显示或隐藏单一粒子系统预览，该功能与粒子界面中的 Systems（系统）一致。用户可以使用 Delete System（删除系统）、Solo System（独立显示系统）、Unhide All Systems（取消隐藏所有系统）和 Reset System（重置系统）来进行调整。系统最多可支持 16 个粒子系统。最下方为 Particles Visible（可见粒子）和 Total Particles（总粒子数），分别是当前帧画面内的可见粒子数量和合成持续时间内的总粒子数量，如图 B03-59 所示。

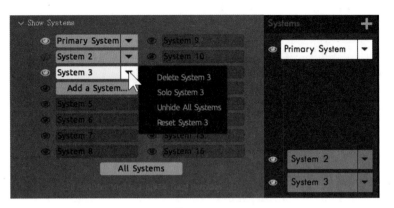

图 B03-59

2. Emitter

此控件是对 Particular 界面设置中的 EMITTER TYPE（发射器类型）和 MOTION（运动方式）内容进行汇总，Emitter（发射器）包含 Emitter Type（发射器类型）、Choose Model（选择模型）、Light Naming（选择灯光）、Emitter Behavior（发射器行为模式）、Particles/sec（粒子 / 秒）、Particles/sec Modifier（粒子 / 秒修改器）、Position（位置）、Null（空值）、Emitter Size（发射器尺寸）、Distribution（分布）、Direction（方向）、Direction Spread（扩展方向）、X /Y/Z Rotation（旋转）、Velocity（速度）、Velocity Random（速度随机）、Velocity Distribution（速度分布）、Velocity from Emitter Motion（从发射器运动速度）、Velocity Over Life（速度随寿命变化）、Layer Emitter（图层发射器）、Model Emitter（模型发射器）、Text/Mask Emitter（文字 / 蒙版发射器）和 Emission Extras（发射演化），如图 B03-60 所示。

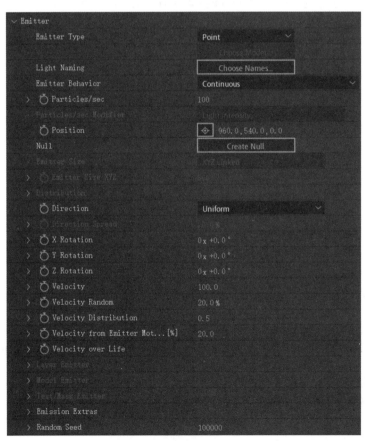

图 B03-60

◆ Emitter Type（发射器类型）：自定义粒子的发射器类型，默认设置为 Point（点）发射，粒子在空间中以单个点向外发射；除此之外，还包括以下几种类型。

　　🔘 Box（盒子）：粒子从立体盒子中向外发射。
　　🔘 Sphere（球形）：粒子从球形区域向外发射。
　　🔘 Light(s)（灯光）：需要新建灯光，根据灯光的位置和方向向外发射粒子。
　　🔘 Layer（图层）：粒子根据图层的位置和方向向外发射，需要打开图层的 3D 属性。
　　🔘 3D Model（模型）：粒子根据模型的表面向外发射。
　　🔘 Text/Mask（文本 / 遮罩）：将文本或者遮罩作为粒子的发射源。

◆ Choose Model（选择模型）：发射器类型设置为【3D Model（模型）】时，可以单击此按钮，在【3D Model（模型）】对话框中选择三维模型，系统自带的 C4D 模型共 29 项，Geometry 模型共 50 项，PixelLab Objects 模型共 14 项，如图 B03-61 所示。除此之外，可以单击【Add New Model（添加新模型）】按钮添加自定义模型。

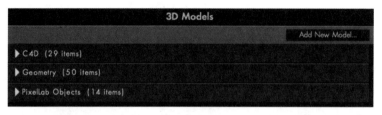

图 B03-61

◆ Light Naming（选择灯光）：当设置【Emitter Type（发射器类型）】为【Light(s)（灯光）】时，需要新建灯光作为灯光发射器，单击【Choose Names（选择名称）】按钮，在弹出的对话框中的【Light Emitter Name Starts With（灯光发射器名称）】输入框中填入"聚光 1"，那么灯光发射器就会以图层 #1"聚光 1"为参照（此插件不识别中文，命名时尽量不使用中文），如图 B03-62 所示。

图 B03-62

◆ Emitter Behavior（发射器行为模式）：用于控制发射方式，其中包含 Continuous（连续发射）、Explode（爆炸发射）、From Emitter Speed（根据发射器速度）、Dynamic Form（动态形式）和 Classic Form（传统形式）。

◆ Particles/sec（粒子 / 秒）：用于控制每秒发射粒子数量。

◆ Particles/sec Modifier（粒子 / 秒修改器）：当设置【Emitter Type（发射器类型）】为【Light(s)（灯光）】时此属性便被启用，此属性可以调整 Light Intensity（灯光强度）、Shadow Darkness（阴影密度）、Shadow Diffusion（阴影漫射）、None（无），如图 B03-63 所示。

◆ Position（位置）：设置发射器 X、Y、Z 轴的位置属性。

◆ Null（空值）：单击【Create Null（创建空值）】按钮可创建一个空对象图层，自动生成表达式控制发射器的位置、大小和旋转属性。

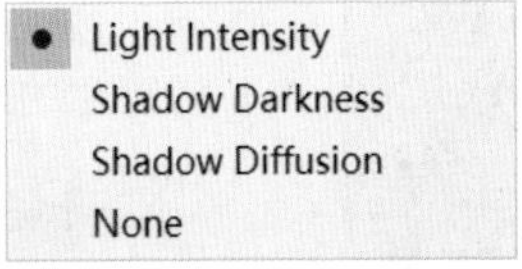

Light Intensity
Shadow Darkness
Shadow Diffusion
None

图 B03-63

◆ Emitter Size（发射器尺寸）：设置发射器类型的发射区域，只有【Point（点）】发射器被禁用，其余发射器类型均可使用。Emitter Size（发射器尺寸）包含 XYZ Linked（XYZ 轴链接）和 XYZ Individual（单独 XYZ 轴）两种，对应下方会显示【Emitter Size XYZ（发射器尺寸 XYZ 轴等比）】或进行单独设置的【Emitter Size X（发射器 X 轴大小）】【Emitter Size Y（发射器 Y 轴大小）】【Emitter Size Z（发射器 Z 轴大小）】，如图 B03-64 所示。

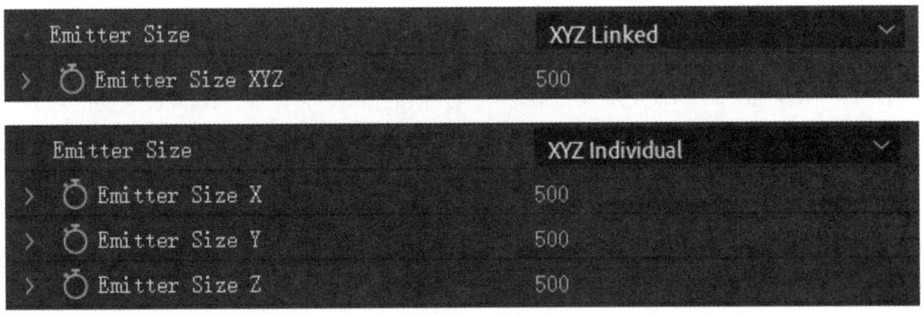

Emitter Size	XYZ Linked
Emitter Size XYZ	500

Emitter Size	XYZ Individual
Emitter Size X	500
Emitter Size Y	500
Emitter Size Z	500

图 B03-64

◆ Distribution（分布）：调整网格发射器的分布方式。

◆ Direction（方向）：用于设置粒子的发射方向，默认设置为 Uniform（统一），默认的扩散发射，除此之外，还包括 Directional（定向）、Bi-Directional（双向）、Disc（圆盘）、Outwards（向外）和 Inwards（向内）。

◆ Direction Spread（扩展方向）：通过调整参数控制粒子的扩散程度。

◆ X/Y/Z Rotation（旋转）：通过调整参数控制发射器在三维空间中的旋转属性，单独控制每个方向上的旋转。

◆ Velocity（速度）：通过调整参数控制粒子的运动速度。

◆ Velocity Random（速度随机）：使粒子的运动速度产生随机变化。

◆ Velocity Distribution（速度分布）：通过调整参数控制粒子速度的分布。

◆ Velocity from Emitter Motion（从发射器运动速度）：通过调整参数控制粒子从发射器内起始的运动速度。

◆ Velocity Over Life（速度随寿命变化）：通过曲线调整粒子持续时间内的速度变化。

◆ Layer Emitter（图层发射器）：当设置【Emitter Type（发射器类型）】为【Layer（图层）】时此属性便被启用，【Layer（图层）】属性可以自定义发射器图层；【Layer Sampling（图层采样）】属性可选择图层时间，包含 Particle Birth Time（粒子诞生时间）和 Current Frame（当前帧）；【Layer RGB Usage（图层 RGB 使用）】属性可以对图层颜色进行调整，如图 B03-65 所示。

图 B03-65

◆ Model Emitter（模型发射器）：当设置【Emitter Type（发射器类型）】为【3D Model（模型）】时此属性便被启用，在 3D Model（模型）中可以自定义发射器模型；此属性可以调整 Emit From（发射从）、Normalize（标准化）、Invert Z（翻转 Z 轴）、Sequence Speed（序列速度）、Sequence Offset（序列偏移）和 Loop Sequence（序列循环），其中【Emit From（发射从）】属性可以根据模型的顶面、边缘、面和体积进行发射，如图 B03-66 所示。

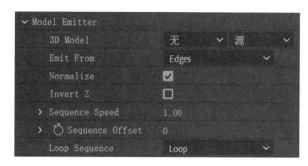

图 B03-66

◆ Text/Mask Emitter（文字 / 蒙版发射器）：当设置【Emitter Type（发射器类型）】为【Text/Mask（文字 / 蒙版）】时此属性便被启用，在 Layer（图层）中可以自定义发射器图层；此属性可以调整 Match Text/Mask Size（匹配文本 / 遮罩大小）、Emit From（发射从）、Layer Sampling（图层采样）和 Layer RGB Usage（图层 RGB 使用），如图 B03-67 所示；当设置【Emit From（发射从）】为【Edges（边缘）】时，Stroke Edges Sequentially（沿路径顺序排列）、Path Start（路径开始）、Path End（路径结束）、Path Offset（路径偏移）、Use First Vertex（使用第一个顶点）和 Loop（循环）等属性才会被启用，如图 B03-68 所示。

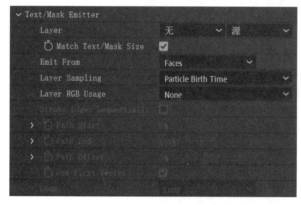

图 B03-67

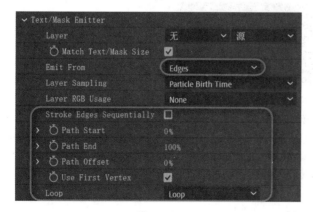

图 B03-68

◆ Emission Extras（发射演化）：可以调整演化周期性产生的随机参数。

3. Particle

此控件是把 Particular 界面设置中的 PARTICLE TYPE（粒子类型）、SIZE/ROTATION（尺寸和旋转）、OPACITY（不透明度）和 COLOR（颜色）内容进行汇总，Particle（粒子）包含 Life (seconds)（粒子寿命）、Life Random（随机寿命）、Particle Type（粒子类型）、Sprite（自定义粒子）、Sprite Controls（自定义粒子控件）、Sphere Feather（球体羽化）、Particle Physics（粒子物理）、Size（大小）、Size Random（随机大小）、Size Over Life（尺寸随寿命变化）、Rotation（旋转）、Aspect Ratio（纵横比）、Opacity（不透明度）、Opacity Random（随机不透明度）、Opacity Over Life（不透明度随寿命变化）、Set Color（设置颜色）、Color（颜色）、Color Random（颜色随机）、Color from Parent（跟随父系统颜色）、Color Gradient（颜色梯度）、Blend Mode（混合模式）、Blend over Life（混合模式与寿命）、Glow（发光）和 Streaklet（条纹），如图 B03-69 所示。

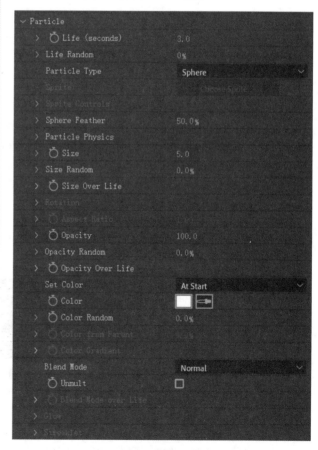

图 B03-69

◆ Life (seconds)（粒子寿命）：通过调整参数控制粒子从出现到消失所持续的时长，单位为秒，默认参数为 3.0。

◆ Life Random（随机寿命）：通过调整参数控制粒子寿命的随机性，使粒子的持续时长有更多变化。

◆ Particle Type（粒子类型）：用于设置粒子类型，默认设置为 Sphere（球形粒子），除此之外还包括以下几种。

　　⊙ Glow Sphere (No DOF)（发光球形）：粒子为发光球体，在属性中可以调整粒子羽化和辉光度。

　　⊙ Star(No DOF)（星星粒子）：粒子呈星星状，在属性中可以调整旋转角度和辉光度。

　　⊙ Cloudlet（云）：可以调整羽化。

　　⊙ Streaklet（散粒子）：与云朵相似但更为分散的球形粒子。

　　⊙ Sprite（自定义粒子）：可以根据需要自定义粒子的外观。

◆ Sprite（自定义粒子）：当设置【Particle Type（粒子类型）】为【Sprite（自定义粒子）】时，【Choose Sprite（选择粒子样式）】属性便被启用；单击【Choose Sprite（选择粒子样式）】按钮，在【Sprite】对话框中选择粒子样式，系统自带的 2D Shapes（二维形状）共 94 项，3D Geometric Shapes（三维形状）共 25 项，Bokeh 共 9 项，Dust and Debris（尘埃和碎片）共 14 项，Holiday（节日）共 10 项，Light and Magic（光和魔法）共 16 项，Organic Matter（有机物）共 16 项，Smoke and Fire（烟和火）共 25 项，Streak Brushes（条纹刷）共 4 项，Symbols（符号）共 29 项，Water and Snow（水和雪）共 27 项，如图 B03-70 所示，效果如图 B03-71 所示。除此之外，可以单击【Add New Sprite（添加新样式）】按钮添加自定义粒子样式。

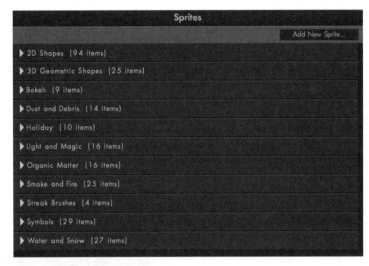

图 B03-70

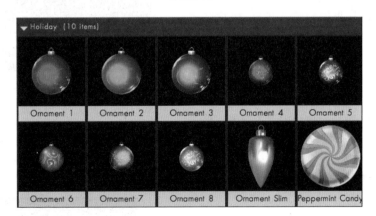

图 B03-71

◆ Sprite Controls（自定义粒子控件）：当设置【Particle Type（粒子类型）】为【Sprite（自定义粒子）】时此属性便被启用，在 Layer（图层）中可以自定义粒子图层；此属性还可以调整 Face Camera（面对摄像机）、Time Sampling（时间采样）、Sprite Random Seed（自定义粒子随机种子）、Number of Clips（修建数量）、Layer Subframe Sampling（图层帧采样）、Colorize（着色）和 Color Fill（颜色填充），如图 B03-72 所示。

图 B03-72

◆ Sphere Feather（球体羽化）：通过调整参数控制球体粒子的羽化程度。

◆ Particle Physics（粒子物理）：控制粒子的质量和空气阻力，具体内容参考 B03.2 Particular 界面设置 -3. PARTICLE TYPE（粒子类型）。

◆ Size（大小）：通过调整参数控制粒子生成时的大小参数。

◆ Size Random（随机大小）：通过调整参数控制粒子大小随机值，使粒子大小有更多变化。

◆ Size Over Life（尺寸随寿命变化）：除预设之外，还可以通过曲线自定义调整粒子持续时间内的尺寸大小。

◆ Rotation（旋转）：控制粒子的旋转，具体内容参考 B03.2 Particular 界面设置 -4.SIZE/ROTATION（尺寸和旋转）。

◆ Aspect Ratio（纵横比）：通过调整参数控制粒子纵横比。

◆ Opacity（不透明度）：通过调整参数控制粒子不透明度。

◆ Opacity Random（随机不透明度）：通过调整参数控制粒子不透明度随机值，使粒子不透明度有更多变化。

◆ Opacity Over Life（不透明度随寿命变化）：除预设之外，还可以通过曲线自定义粒子持续时间内的不透明度。

◆ Set Color（设置颜色）：设置颜色的出现方式，包含 At Start（开始时）、Random from Gradient（从梯度随机）、Over X（超过 X）、Over Y（超过 Y）、Over Z（超过 Z）、Radially（径向）、From Light Emitter（从光发射器）和 Over Life（超过寿命），如图 B03-73 所示。

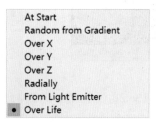

图 B03-73

◆ Color（颜色）：通过调整色值更改粒子颜色。

◆ Color Random（颜色随机）：通过调整参数控制粒子颜色的随机值，使粒子颜色有更多变化。

◆ Color from Parent（跟随父系统颜色）：粒子颜色跟随父系统，当选择添加第二个粒子系统时才会有此选项。

◆ Color Gradient（颜色梯度）：除预设之外，还可以自定义渐变颜色。

◆ Blend Mode（混合模式）：类似于 AE 软件中的【混合模式】属性，包括 Normal（正常）、Add（相加）、Screen（叠加）、Lighten（变亮）、Normal Add over Life（相加模式随寿命）和 Normal Screen over Life（叠加模式随寿命），如图 B03-74 所示。还可以选中【Unmult（去黑）】复选框。

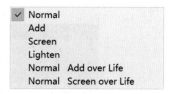

图 B03-74

◆ Blend Mode over Life（混合模式与寿命）：通过曲线调整粒子持续时间内的混合模式。

◆ Glow（发光）：当设置【Particle Type（粒子类型）】为【Glow Sphere (No DOF)（发光球形）】时此属性便被启用；此属性可以调整 Glow Size（发光大小）、Glow Opacity（发光不透明度）、Glow Feather（发光羽化）和 Glow Blend Mode（发光混合模式）属性，对粒子发光效果进行进一步设置，如图 B03-75 所示。

图 B03-75

◆ Streaklet（条纹）：当设置【Particle Type（粒子类型）】为【Streaklet（散粒子）】时此属性便被启用，此属性可以调整 Number of Streaks（条纹数量）、Streak Size（条纹大小）和 Streaklet Random Seed（条纹随机种子），对粒子条纹效果进行进一步设置，如图 B03-76 所示。

图 B03-76

4．Environment

此控件是把 Particular 界面设置中 ENVIRONMENT（环境）和 MOTION EFFECT（运动效应）的内容进行汇总，Environment（环境）包含 Gravity（重力）、Wind X/Y/Z（风）、Air Density（空气密度）和 Air Turbulence（空气湍流），如图 B03-77 所示。

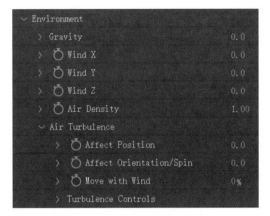

图 B03-77

◆ Gravity（重力）：通过调整参数控制粒子下落的重力，模拟真实环境物体下落受到重力加速度的影响。

◆ Wind X/Y/Z（风）：通过调整参数控制 X/Y/Z 轴方向风力大小，单独控制每个方向上的风力。

◆ Air Density（空气密度）：通过调整参数控制粒子在空气中移动的难易程度。

◆ Air Turbulence（空气湍流）：包含 Affect Position（影响位置）、Affect Orientation/Spin（影响粒子方向 / 旋转）、Move with Wind（风力湍流）和 Turbulence Controls（湍流控制），具体内容参考 B03.2 Particular 界面设置 -7. ENVIRONMENT（环境）。

5．Physics Simulations

此控件是对 Particular 界面设置中 SIMULATIONS（模拟）的相关内容进行具体讲解，Physics Simulations（物理模拟）包含 Bounce（弹跳）、Meander（蜿蜒）、Flocking（吸引 / 排斥）和 Fluid（流体）四种效果，如图 B03-78 所示。

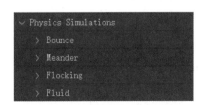

图 B03-78

01 Bounce（弹跳）：使粒子在合成中自定义的图层上进行反弹。选中【Enable Bounce（启用弹跳）】复选框，应用此效果，最多可设置三个图层，下面具体讲解 Bounce 1

（反射层 1），其余反射层一致，如图 B03-79 所示。

图 B03-79

◆ Bounce Layer（弹跳层）：选择要用作反射表面的图层，图层需要启用 3D，并且应关闭连续栅格化开关。

◆ Bounce Mode（弹跳模式）：选择反射层的显示方式，如图 B03-80 所示，包含以下 3 种。

　　⊙ Infinite Plane（无限平面）：将图层视为无限扩展的平面。

　　⊙ Layer Size（图层大小）：根据图层大小设置反射区域，粒子到边缘会自动落下。

　　⊙ Layer Alpha（图层 Alpha）：通过图层 Alpha 来计算反射区域。

图 B03-80

◆ Collision Event（碰撞事件）：设置粒子碰到反射层产生的动画效果，其中包含 Bounce（弹跳）、Slide（滑动）、Stick（摇杆）和 Kill（终止），如图 B03-81 所示。

图 B03-81

◆ Bounce Strength（弹跳强度）：通过调整参数控制反弹强度，参数越高则粒子遇到反射层后反弹越高。

◆ Bounce Random（随机反射）：通过调整参数控制粒子反弹强度的随机性，使粒子反弹强度有更多变化。

◆ Slide Friction（滑动摩擦）：通过调整参数控制反弹层的摩擦力，滑动摩擦通常与重力结合使用；参数越高表面越粗糙，反之参数越低表面越光滑。

02 Meander（蜿蜒）：使粒子受到质量的影响产生蜿蜒曲折的效果，选中【Enable Meander（启用蜿蜒）】复选框，应用此效果，如图 B03-82 所示。

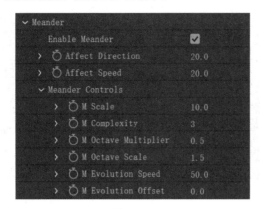

图 B03-82

◆ Affect Direction（影响方向）：影响单个粒子的移动方向，使个体在整体统一的方向上富有变化。

◆ Affect Speed（影响速度）：影响单个粒子的移动速度，使个体在整体统一的方向上富有变化。

◆ M Scale（规模）：调整湍流的规模大小。

◆ M Complexity（复杂度）：调整湍流的复杂度。

◆ M Octave Multiplier（倍增乘数）：通过设置参数进一步调整其复杂度。

◆ M Octave Scale（倍增规模）：通过设置参数进一步调整噪波规模。

◆ M Evolution Speed（演化速度）：调整湍流场随时间演化的速度。

◆ M Evolution Offset（演化偏移）：调整湍流演化的偏移量。此属性可以更好地控制湍流场的移动方式。

03 Flocking（吸引 / 排斥）：影响粒子行为和相互方式，使其产生相互吸引或排斥的效果，选中【Enable Flocking（启用吸引 / 排斥）】复选框，应用此效果，如图 B03-83 所示。

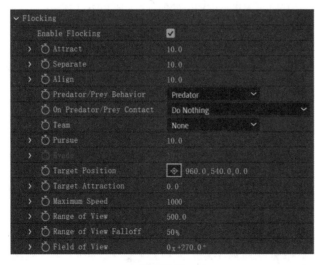

图 B03-83

◆ Attract（吸引力）：单个粒子向粒子群中心移动。

◆ Separate（分离）：通过调整参数控制粒子间分离程度，使粒子如磁铁同极相斥一样。

◆ Align（对齐控制）：通过调整参数控制粒子间跟随程度，如一群鱼、大雁等。

◆ Predator/Prey Behavior（捕食者 / 猎物行为）：包含 None（无）、Predator（捕食者）和 Prey（猎物），如图 B03-84 所示。

图 B03-84

◆ On Predator/Prey Contact（关于捕食者 / 猎物接触）：当设置【Predator/Prey Behavior（捕食者 / 猎物行为）】为【Predator（捕食者）】时，此属性会被激活，当捕食者粒子系统与猎物粒子系统接触时有 5 种模式，如图 B03-85 所示。

◇ Do Nothing（无）：接触时不会产生变化。

◇ Kill Prey（杀死猎物）：捕食者遇到猎物时将其吞噬，使猎物粒子消失。

◇ Kill Both（杀死两者）：捕食者遇到猎物时两者都会消失。

◇ Freeze Prey（冻结猎物）：捕食者遇到猎物时将其冻结，猎物粒子会停止运动。

◇ Convert Prey to Predator（将猎物转化为捕食者）：捕食者遇到猎物时将其转化身份，猎物粒子会变为捕食者粒子。

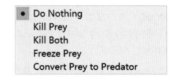

图 B03-85

◆ Team（团队）：当粒子系统被识别为捕食者或猎物行为时，此属性会被激活，粒子系统最多可被分为 4 个团队（A、B、C、D）。

◆ Target Position（目标位置）：通过调整参数控制粒子移动至目标点的位置。

◆ Target Attraction（目标吸引力）：通过调整参数控制目标点对于粒子的吸引力。

◆ Maximum Speed（最大速度）：通过调整参数控制粒子向目标点移动的速度。

◆ Range of View（视图范围）：通过调整参数控制目标点范围，此范围内的粒子会被吸引。

04 Fluid（流体）：使粒子模拟液体的运动效果，选中【Enable Fluid Motion（启用流体运动）】复选框，应用此效果，如图 B03-86 所示。

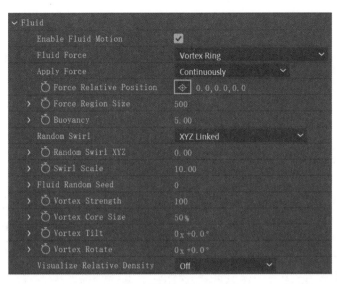

图 B03-86

◆ Fluid Force（流体类型）：设置流体运动类型，包含以下 3 种。Buoyancy & Swirl Only（仅浮力和旋涡）：粒子受到向上或向下的浮力以及围绕其整个轴施加的旋涡力；Vortex Ring（涡环）：粒子以由涡旋力形成的环为中心，受到向上或向下的浮力；Vortex Tube（旋流管）：粒子以单个涡旋力为中心受到向上或向下的浮力，如图 B03-87 所示。

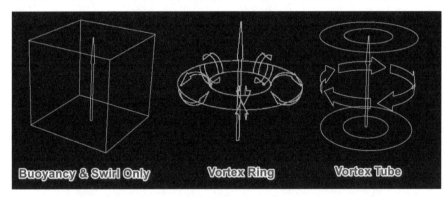

图 B03-87

◆ Apply Force（作用力）：设置力的作用方式，包含 At Start（启动时）和 Continuously（连续施加）两种，如图 B03-88 所示。

图 B03-88

◆ Force Relative Position（力的相对位置）：通过调整参数控制作用力的相对位置。
◆ Force Region Size（力范围）：通过调整参数控制力的作用区域大小。
◆ Buoyancy（浮力）：通过调整参数控制浮力强度。
◆ Random Swirl（随机旋涡）：设置湍流旋涡，包含【XYZ Linked（XYZ 轴链接）】和【XYZ Individual（单独 XYZ 轴）】两个选项，对应下方会显示【Random Swirl XYZ（随机旋涡等比的 XYZ 轴）】和单独调整的【Random Swirl X（随机旋涡的 X 轴）】【Random Swirl Y（随机旋涡的 Y 轴）】【Random Swirl Z（随机旋涡的 Z 轴）】。
◆ Swirl Scale（旋涡比例）：通过调整参数控制旋涡力的大小，低参数产生较大的旋涡，而高参数产生较小的旋涡。
◆ Fluid Random Seed（流体随机种子）：通过调整参数控制流体粒子随机值，使粒子系统有更多变化。
◆ Vortex Strength（旋流强度）：通过调整参数控制旋流旋转速度。
◆ Vortex Core Size（旋流大小）：通过调整参数控制旋转的流体粒子的旋流直径。

◆ Vortex Tilt（旋流倾斜）：通过调整参数控制旋流力的倾斜角度。

◆ Vortex Rotate（旋流旋转）：通过调整参数控制旋流力的旋转角度。

6．Displace

此控件是对 Particular 界面设置中 MOTION EFFECTS（运动效应）和 FIELDS（场）的相关内容进行具体讲解，Displace（置换）包含 Drift（飘移）、Spin（自旋）、Motion Path（运动路径）、Turbulence Field（湍流场）和 Spherical Field（球面场），如图 B03-89 所示。

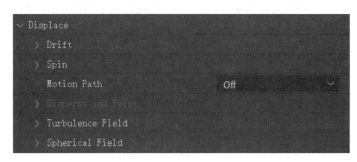

图 B03-89

◆ Drift（飘移）：通过调整参数控制 X、Y、Z 轴飘移。

◆ Spin（自旋）：包含 Spin Amplitude（自旋振幅）、Spin Frequency（自旋频率）和 Fade-in Spin (seconds)（淡入自旋），具体内容在 B03.2 Particular 界面设置 -9.MOTIONEFFECTS（运动效应）中讲解。

◆ Motion Path（运动路径）：根据灯光设置运动路径，使用时需要创建灯光。

◆ Turbulence Field（湍流场）：具体内容在 B03.2 Particular 界面设置 -10.Fields（场）中讲解。

◆ Spherical Field（球面场）：具体内容在 B03.2 Particular 界面设置 -10.Fields（场）中讲解。

7．Kaleidospace

此控件是对 Particular 界面设置中 KALEIDOSPACE（3D 空间复制粒子）相关内容进行具体讲解，Kaleidospace（3D 空间复制粒子）包括 Mirror On X（X 轴镜像）、Mirror On Y（Y 轴镜像）、Mirror On Z（Z 轴镜像）、Behaviour（模式）和 Center Position（中心位置），如图 B03-90 所示。

图 B03-90

◆ Mirror On X（X 轴镜像）：粒子沿水平轴对称。

◆ Mirror On Y（Y 轴镜像）：粒子沿垂直轴对称。

◆ Mirror On Z（Z 轴镜像）：粒子沿 Z 轴（深度）对称。

◆ Behaviour（模式）：设置镜像模式，包含 Mirror and Remove（镜像和删除）和 Mirror Everything（镜像所有）。

◆ Center Position（中心位置）：通过调整参数控制对称中心位置。

8．Global controls(All Systems)

此控件用于调节整体粒子系统，Global controls(All Systems)（全局控制）包括 Pre Run (seconds)（预运行）、Simulation Samples/frame（模拟样本 / 帧）、Physics Time Factor（物理时间因素）、Fluid Simulation Fidelity（流体模拟逼真度）、Fluid Viscosity（流体黏滞性）和 World Transform（世界坐标），如图 B03-91 所示。

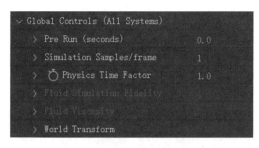

图 B03-91

- ◆ Pre Run (seconds)（预运行）：设置整体粒子系统的提前出画，单位为秒。
- ◆ Simulation Samples/frame（模拟样本 / 帧）：模拟现有效果样本，单位为帧。
- ◆ Physics Time Factor（物理时间因素）：调整整体粒子系统中粒子运动速度，可以加速或者减慢甚至冻结粒子。
- ◆ Fluid Simulation Fidelity（流体模拟逼真度）：模拟流体粒子的真实程度，调节流体粒子上力的范围。
- ◆ Fluid Viscosity（流体黏滞性）：通过调整参数控制流体粒子之间的黏性。
- ◆ World Transform（世界坐标）：包含 World Rotation X/Y/Z（世界旋转）和 World Offset X/Y/Z（世界偏移），在不移动摄像机的情况下可以控制整体粒子系统的旋转和位置属性。

9．Lighting

此控件用于调整灯光对于 Particular 粒子的影响，Lighting（灯光）包含 Enable Lighting（启用照明）、Light Falloff（光线衰减）、Nominal Distance（光源距离）、Ambient（环境）、Diffuse（漫射）、Specular Amount（高光数量）、Specular Sharpness（高光锐度）、Reflection Map（反射贴图）、Reflection Strength（反射强度）和 Shadowlets（灯光阴影），如图 B03-92 所示。

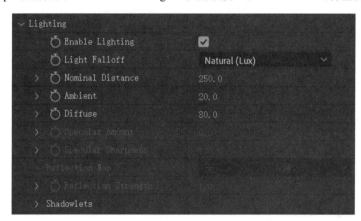

图 B03-92

- ◆ Enable Lighting（启用照明）：选中该复选框启用灯光照明，使粒子受到合成中灯光的影响，如图 B03-93 所示。

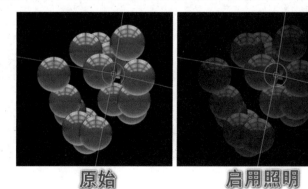

图 B03-93

◆ Light Falloff（光线衰减）：设置灯光衰减强度，包含 None (AE)［无（AE）］或 Natural (Lux)［自然（辅助）］。

　⊕ None (AE)［无（AE）］：无设置，跟随 AE 中的【灯光设置】。

　⊕ Natural (Lux)［自然（辅助）］：可在 Nominal Distance（光源距离）中自定义衰减距离。

◆ Nominal Distance（光源距离）：当设置【Light Falloff（光线衰减）】为【Natural (Lux)［自然（辅助）］】时，此属性便被启用，通过调整参数控制光源的影响范围，如图 B03-94 所示。

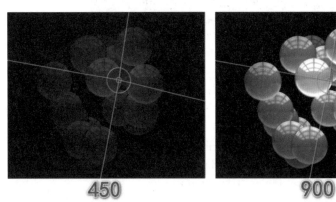

图 B03-94

◆ Ambient（环境）：调整环境光的粒子灯光反射程度。

◆ Diffuse（漫射）：调整粒子灯光漫反射程度。

◆ Specular Amount（高光数量）：调整粒子灯光的高光数量。

◆ Specular Sharpness（高光锐度）：调整粒子灯光的高光锐化程度。

◆ Reflection Map（反射贴图）：自定义反射贴图，使粒子能与场景更加融合，添加如图 B03-95 所示的环境贴图，调整的变化效果如图 B03-96 所示。

图 B03-95

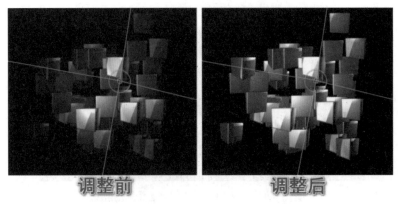

图 B03-96

- ◆ Reflection Strength（反射强度）：调整粒子灯光受到反射贴图的反射程度。
- ◆ Shadowlets（灯光阴影）：包括 Match Particle Shape（匹配粒子形状）、Softness（柔和度）、Shadowlet Color（阴影颜色）、Color Strength（颜色强度）、Shadowlet Opacity（阴影不透明度）、Adjust Size（调整大小）、Adjust Distance（调整距离）和 Placement（放置），具体内容在 B03.2 Particular 界面设置 -12.SHADOWLETS（灯光阴影）中讲解。

10．Visibility（能见度）

此控件用于调整摄像机的能见度，Visibility（能见度）包括 Far Vanish（远处消失）、Far Start Fade（远处消失衰减）、Near Vanish（近处消失）、Near Start Fade（近处消失衰减）、Near and Far Curves（消失衰减模式）、Z Buffer（Z 缓冲区）、Z at Black（Z 在黑色）、Z at White（Z 在白色）、Obscuring Layer（遮蔽层）和 Also Obscure with（同样遮蔽），如图 B03-97 所示。

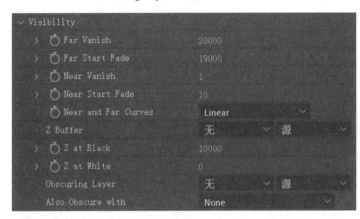

图 B03-97

- ◆ Far Vanish（远处消失）：调整最远可见距离，控制远处粒子到摄像机的消失距离，如图 B03-98 所示。

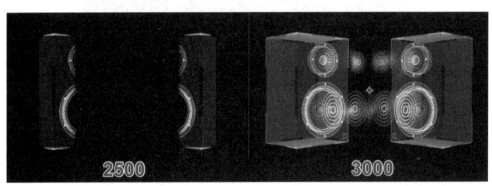

图 B03-98

- ◆ Far Start Fade（远处消失衰减）：调整最远衰减距离，控制远处粒子到摄像机的消失淡出距离，如图 B03-99 所示。

图 B03-99

◆ Near Vanish（近处消失）：调整最近可见距离，控制近处粒子到摄像机的消失距离。

◆ Near Start Fade（近处消失衰减）：调整最近衰减距离，控制近处粒子到摄像机的消失淡出距离。

◆ Near and Far Curves（消失衰减模式）：通过曲线控制粒子淡出，分为 Linear（线性）和 Smooth（平滑）两种模式。

◆ Z Buffer（Z 缓冲区）：设置深度缓冲区，黑色为摄像机远端，白色为摄像机近端，中间的灰色区域代表近端到远端的中间距离。

◆ Z at Black（Z 在黑色）：调节 Z 缓冲区中的全黑像素表示的深度。

◆ Z at White（Z 在白色）：调节 Z 缓冲区中的全白色像素表示的深度。

◆ Obscuring Layer（遮蔽层）：自定义遮蔽图层。

◆ Also Obscure with（同样遮蔽）：包含 None（无）、Layer Emitter（层发射器）、Bounce Layers（反弹层）和 All（全部）。

11．Rendering（渲染）

此控件用于控制最终成片的渲染输出效果，Rendering（渲染）包含 Render Mode（渲染模式）、Acceleration（加速）、CPU Particle Rendering（CPU 粒子渲染）、Particle Amount（粒子数量）、Depth of Field（景深）、Depth of Field Type (Sprite)（景深类型）、Motion Blur（运动模糊）、Shutter Angle（快门角度）、Shutter Phase（快门相位）、Samples（采样）和 Disregard（忽略），如图 B03-100 所示。

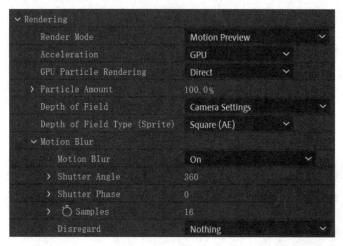

图 B03-100

◆ Render Mode（渲染模式）：粒子的渲染模式包含以下两种。Motion Preview（运动预览）：快速预览粒子效果；Full Render（完整渲染）：渲染完整的粒子效果，此模式应用于最终输出效果。

◆ Acceleration（加速）：可以选择 CPU 和 GPU。

◆ CPU Particle Rendering（CPU 粒子渲染）：在设置【Acceleration（加速）】为【CPU】时可激活此属性，其包含以下两种方式。Direct（直接）：可直接渲染每个粒子，此属性渲染更加精准；Streaming（流动）：此属性渲染速度更快，但某些属性不会呈现，如混合模式。

◆ Particle Amount（粒子数量）：通过调整参数控制粒子预览数量。

◆ Depth of Field（景深）：模拟真实的摄像机的焦点，选择 Camera Settings（摄像机设置）选项时可以根据摄像机设置来自定义深度。

◆ Depth of Field Type (Sprite)（景深类型）：调整景深的渲染类型，当设置【Particle（粒子）】-【Particle Type（粒子类型）】为【Sprite（自定义粒子）】时才激活此选项，包含 Smooth（平滑）和 Square（AE）。

◆ Motion Blur（运动模糊）：可以选择 Off（关闭）、Comp Settings（合成设置）和 On（打开），选择 [Comp Settings（合成设置）] 时可在【合成设置】-【高级】中自定义运动模糊效果，如图 B03-101 所示。

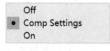

图 B03-101

◆ Shutter Angle（快门角度）：调整运动模糊强度。

◆ Shutter Phase（快门相位）：调整虚拟相机快门持续打开的时间。

◆ Samples（采样）：调整运动模糊的模糊质量。

◆ Disregard（忽略）：设置运动模糊需要忽略粒子选项，如图 B03-102 所示。

↪ Nothing（无）：运动模糊时不忽略粒子。

↪ Physics Time Factor (PTF)（物理时间）：运动模糊不受时间影响，例如，冻结时间时运动模糊依然存在。

↪ Camera Motion（摄像机运动）：运动模糊不受摄像机运动影响。

↪ Camera Motion & PTF（摄像机运动和 PTF）：摄像机运动和 PTF 都不影响运动模糊。

图 B03-102

B03.4　实例练习——蝴蝶粒子案例

通过对 Particular 效果的学习，使用三维蝴蝶模型，制作飞舞的蝴蝶粒子；调整粒子物理环境，制作粒子飘散效果。本实例的最终效果如图 B03-103 所示。

图 B03-103

B

进阶篇

高级案例　进阶插件

223

操作步骤

01 新建项目，创建合成，在【项目】面板中导入素材蝴蝶模型"butterflyFBX_[0000-0060].obj"，并拖曳至【时间轴】面板中，关闭可视化属性；新建纯色图层并将其命名为"粒子效果"，然后新建摄像机，选中图层#2"粒子效果"执行【效果】-【RG Trapcode】-【Particular】菜单命令，如图 B03-104 所示。

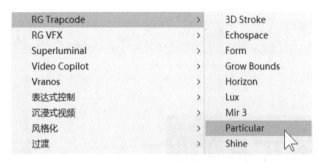

图 B03-104

02 在【效果控件】中设置【Emitter Type（发射器类型）】为【3D Model（模型）】，设置自定义发射器模型为【3.butterflyFBX_[0000-0060].obj】，单击【Designer】按钮进入【Trapcode Particular Designer】面板，如图 B03-105 所示。

图 B03-105

03 要制作两个粒子系统，一个是蝴蝶模型的主粒子系统，另一个是飞行过程中的飘散粒子系统。先来制作主粒子系统，使粒子在模型上静止不动，在 Particular 界面设置中的【Motion（运动方式）】效果面板中调整粒子运动速度，调整【Velocity（速度）】【Velocity Random（速度随机）】【Velocity Distribution（速度分布）】【Velocity from Emitter Motion（从发射器运动速度）】参数为 0；为了使模型更加明显，调整【Emitter Type（发射器类型）】-【Particles/sec（粒子/秒）】参数为 50000，如图 B03-106 所示，效果如图 B03-107 所示。

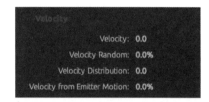

图 B03-106

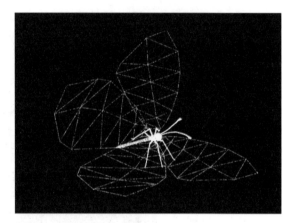

图 B03-107

04 由于现在粒子寿命较长，在蝴蝶扇动翅膀时粒子还未消失便产生了重影效果，为了将重影效果消除，调整【Particle Type（粒子类型）】-【Life (seconds)（粒子寿命）】参数为 0.3；为了使画面更加丰富，设置【Life Random（随机寿命）】参数为 90%，使粒子的持续时长有更多变化，如图 B03-108 所示。

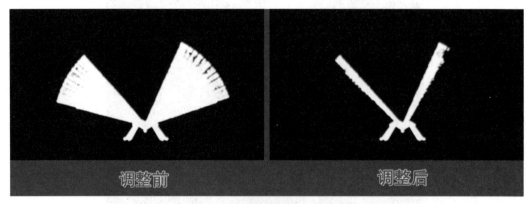

图 B03-108

05 使粒子富有变化，在模块中设置【Size/Rotation（尺寸和旋转）】为【Bell Curve（贝塞尔曲线）】，根据曲线调整粒子持续时间内的尺寸大小；设置【Opacity（不透明度）】为【Linear Fade（逐渐消失）】，根据曲线调整粒子持续时间内的不透明度，如图 B03-109 所示，效果如图 B03-110 所示。

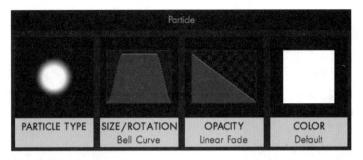

图 B03-109

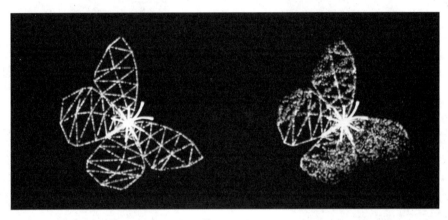

图 B03-110

06 接下来为蝴蝶粒子添加颜色，设置【Color（颜色）】-【Set Color（设置颜色）】为【Over Life（超过寿命）】，调整【Color Gradient（颜色梯度）】为白色到湖蓝色的颜色渐变，如图 B03-111 所示，效果如图 B03-112 所示。

图 B03-111

图 B03-112

07 接下来制作粒子随蝴蝶扇动翅膀向后飘散的效果。调整【Environment（环境）】-【Wind X】和【Wind Z】参数，制作向左后飘散的效果；调整【Air Density（空气密度）】参数为 1.30；调整【Affect Position（影响位置）】参数为 30。至此，蝴蝶模型的主粒子系统制作完成，如图 B03-113 所示，效果如图 B03-114 所示。

08 接下来制作飞行过程中的飘散粒子系统。单击 Primary System 右侧图标，在菜单中选择【Duplicate System（重复系统）】选项，在主粒子系统的基础上进行更改；使飘散的粒子持续时间延长，调整【Life (seconds)（粒子寿命）】参数为 1.5；调整【Life Random（随机寿命）】参数为 90%，如图 B03-115 所示，效果如图 B03-116 所示。

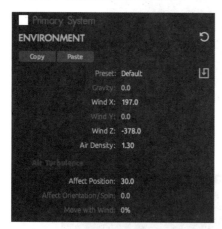

图 B03-113

图 B03-114

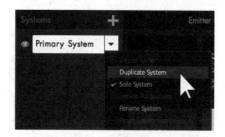

图 B03-115

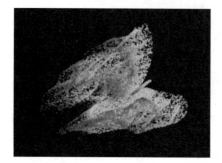

图 B03-116

09 由于现在副粒子系统的粒子数量太多，所以调整【Emitter Type（发射器类型）】-【Particles/sec（粒子 / 秒）】参数为 4000；调整【Environment（环境）】-【Wind X】【Wind Y】【Wind Z】参数，使向左后飘散的效果更加明显，参数如图 B03-117 所示，效果如图 B03-118 所示。

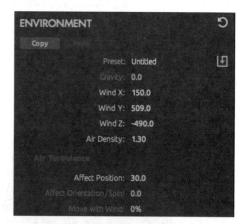

图 B03-117

图 B03-118

10 增加粒子的变化效果，在模块中设置【Size/Rotation（尺寸和旋转）】为【Linear Scale（线性尺寸）】，根据曲线调整粒子持续时间内的尺寸大小；设置【Opacity（不透明度）】为【Fade and Flicker（消失并闪烁）】，根据曲线调整粒子持续时间内的不透明度；调整【Color Gradient（颜色梯度）】为湖蓝色到白色的颜色渐变，如图 B03-119 所示，效果如图 B03-120 所示。

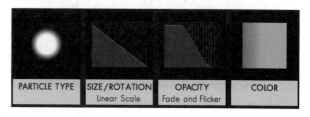

图 B03-119

图 B03-120

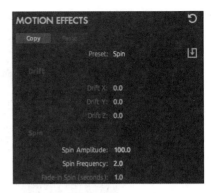

图 B03-121

⓫ 使粒子在飘散时富有变化，调整【Motion Effect（运动效应）】-【Spin Amplitude（自旋振幅）】参数为 100，给粒子添加自旋效果；调整【Spin Frequency（自旋频率）】参数为 2。至此蝴蝶粒子部分制作完成，如图 B03-121 所示，效果如图 B03-122 所示。

⓬ 接下来通过移动摄像机制作蝴蝶飞舞的动画。新建空对象，选择图层 #2"摄像机 1"作为图层 #1"空 1"的子集；创建【位置】【X 轴旋转】【Y 轴旋转】【Z 轴旋转】关键帧动画，使蝴蝶从左面蜿蜒地飞到右上角，如图 B03-123 所示，效果如图 B03-124 所示。

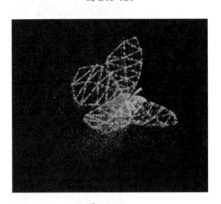

图 B03-122

图 B03-123

图 B03-124

⓭ 现在背景有些单调，新建纯色图层，将其拖曳至合成的最下方，执行【效果】-【生成】-【梯度渐变】菜单命令，制作暗紫色到黑色的过渡。至此，蝴蝶粒子案例制作完成，单击 ▶ 按钮或按空格键，查看制作效果，如图 B03-125 所示。

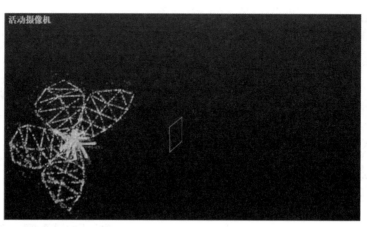

图 B03-125

B03.5 综合案例——圣诞精灵案例

圣诞节快到了，公司要做一个圣诞节主题的广告，要求小森制作带有精灵元素的宣传片；小森通过使用 Particular 制作精灵，随着精灵飞舞，其身后伴随着星光点点，将圣诞节的气氛进行烘托。公司在圣诞节时将这个广告投放在户外大屏上，引得路人纷纷驻足观看，起到了很好的宣传效果。

本案例的最终效果如图 B03-126 所示。

图 B03-126

制作思路

① 使用灯光粒子制作主要的圣诞树部分，设置"地面"且当粒子触碰时就会消失。

② 设置灯光制作"精灵"的效果，为了使"精灵"更加明显，为其添加 Optical Flares 光效。

③ 制作"精灵"的粒子拖尾效果，使其消失时星光闪耀。

④ 丰富画面，为圣诞树添加 Optical Flares 光效。

操作步骤

01 新建项目，在【项目】面板中导入视频素材"圣诞树 .mp4"，使用视频素材创建合成；先做主要的圣诞树部分，新建纯色图层并将其命名为"圣诞树粒子"，新建灯光，设置【灯光类型】为【点】，将其命名为"1"；调整灯光位置使其位于圣诞树顶部，如图 B03-127 所示。

图 B03-127

02 制作粒子落到地面后消失的效果，选中图层 #3 "圣诞树"，在【跟踪器】面板中单击【跟踪摄像机】按钮，等待系统完成分析；选取地面的"跟踪点"后单击鼠标右键，在弹出的快捷菜单中执行【创建实底和摄像机】菜单命令；选择图层 #1 "跟踪实底"并将其命名为"dimian"，调整画面大小，并关闭可视化，如图 B03-128 所示。

图 B03-128

03 选中图层 #4 "圣诞树粒子"执行【效果】-【RG Trapcode】-【Particular】菜单命令，在【效果控件】中设置【Emitter Type（发射器类型）】为【Light（s）（灯光）】，使粒子跟随"灯光"移动，单击【Choose Names（选择名称）】进入灯光名字界面，在【Light Emitter Name Starts With（灯光发射器名称）】中填入灯光名称"1"，单击【OK】按钮，

如图 B03-129 所示。

图 B03-129

04 在【效果控件】中单击【Designer】按钮进入【Trapcode Particular Designer】面板；调整【Emitter Type（发射器类型）】-【Particles/sec（粒子 / 秒）】参数为 50；设置【Particle Type（粒子类型）】为【Star（星星）】；为了产生粒子下落效果，调整【Environment（环境）】-【Gravity（重力）】参数为 110，调整【Wind Z】参数为 25，如图 B03-130 所示。

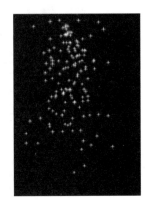

图 B03-130

05 调整【Life (seconds)（粒子寿命）】参数为 12.6，延迟下落时间；为了使画面富有变化，调整【Life Random（寿命随机）】参数为 55%；调整【Emitter Size XYZ（发射器尺寸 XYZ 轴等比）】参数为 1040，扩展粒子下落范围，如图 B03-131 所示。

图 B03-131

06 完善粒子细节，调整【Size/Rotation（尺寸和旋转）】-【Size Random（大小随机）】为 50%，调整【Random Rotation（随机旋转）】参数为 50；把【Color（颜色）】调整为黄白色，即色值为 #F9F2C2；设置【Opacity（不透明度）】为【Opacity Over Life（不透明度随寿命变化）】，粒子在开始时不透明度为 100%，并随着时间慢慢消失，完成相关设置后单击【Apply（应用）】按钮回到合成，如图 B03-132 所示。

图 B03-132

07 观察画面可以看到粒子在地面上没有消失，需要在【效果控件】中选中【Physics Simulations（物理模拟）】-【Bounce（弹跳）】-【Enable Bounce（启用弹跳）】复选框，在【Bounce Layer 1（弹跳层 1）】选择 "2.dimian"，设置【Collision Event1（碰撞事件 1）】为【Kill（终止）】，使粒子接触到地面就消失，如图 B03-133 所示，效果如图 B03-134 所示。

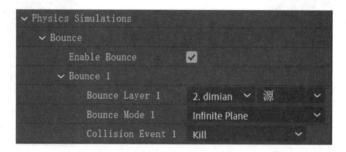

图 B03-133

图 B03-134

08 在【效果控件】中调整【Displace（置换）】-【Drift（飘移）】-【Drift Z】参数为72，使粒子Z轴整体偏移，创建【Particles/sec（粒子/秒）】属性关键帧动画，在圣诞树将出现全貌时开始粒子动画，如图 B03-135 所示，效果如图 B03-136 所示。

图 B03-135

图 B03-136

09 接下来制作"精灵"。新建纯色图层并将其命名为"精灵 1"，新建灯光图层并将其命名为"A"（为了后续跟踪灯光），设置【灯光类型】为【点】；为了使灯光效果更明显，新建纯色图层并将其命名为"光点"，选中图层 #1"光点"执行【效果】-【Video Copilot】-【Optical Flares】菜单命令，在【效果控件】中单击【Options】按钮进入灯光界面；在【预设浏览器】中选择【Lens Flares】-【Pro Presets】-【Cloudy Sun】预设，自定义光点效果，如图 B03-137 所示。

图 B03-137

10 为了使"光点"效果能跟随"灯光"移动，将图层【混合模式】改为【相加】，在【效果控件】中设置【位置模式】-【来源类型】为【跟踪灯光】，设置【跟踪灯光选择】-【灯光名字开始】为【A】。接下来对"光点"效果进一步调整，调整【亮度】属性参数为 180，调整【大小】属性参数为 30，如图 B03-138 所示。

图 B03-138

⑪ 为了方便移动灯光，新建空对象，创建【位置】属性关键帧动画，制作从左入画围绕圣诞树消失的效果；选择图层 #3 "A"，按住 Shift 键建立与图层 #1 "空 1"的父子级关系，如图 B03-139 所示。

图 B03-139

⑫ 选择图层 4 "精灵 1"执行【效果】-【RG Trapcode】-【Particular】菜单命令，在【效果控件】中设置【Emitter Type（发射器类型）】为【Light(s)（灯光）】，使粒子跟随 "A"灯光移动，单击【Designer】按钮进入【Trapcode Particular Designer】面板；调整【Emitter Type（发射器类型）】-【Particles/sec（粒子 / 秒）】参数为 90，调整【Emitter Size XYZ（发射器尺寸 XYZ 轴等比）】参数为 259；设置【Particle Type（粒子类型）】为【Star（星星）】，如图 B03-140 所示。

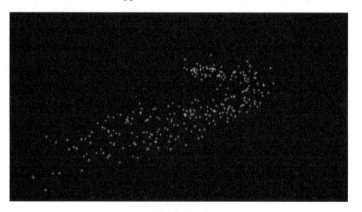

图 B03-140

⑬ 为了使粒子效果更加丰富，调整【Life Random（寿命随机）】参数为 70%；在模块中设置【Size/Rotation（尺寸和旋转）】为【Linear Scale（线性尺寸）】，根据曲线调整粒子持续时间内的尺寸大小；设置【Opacity（不透明度）】为【Fade and Flicker（消失并闪烁）】，根据曲线调整粒子持续时间内的不透明度；设置【Color（颜色）】为黄白色，如图 B03-141 所示，效果如图 B03-142 所示。

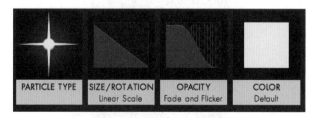

图 B03-141

图 B03-142

14 调整【Environment（环境）】-【Gravity（重力）】参数为 110；调整【Wind X】和【Wind Z】参数，使左后飘散效果更加明显，调整【Air Density（空气密度）】参数为 9，如图 B03-143 所示，至此一个精灵粒子制作完成，如图 B03-144 所示。

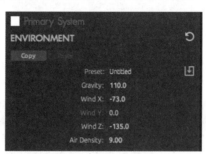

图 B03-143

图 B03-144

15 根据上述步骤，制作从右侧入画后围绕圣诞树消失的精灵粒子，如图 B03-145 所示。

图 B03-145

16 接下来调整粒子细节，创建【Particles/sec（粒子 / 秒）】关键帧动画，在精灵粒子还未入画时将参数调整为 0，入画后将参数调整为 90；在精灵粒子到达圣诞树顶端时创建粒子消失的动画，如图 B03-146 所示。

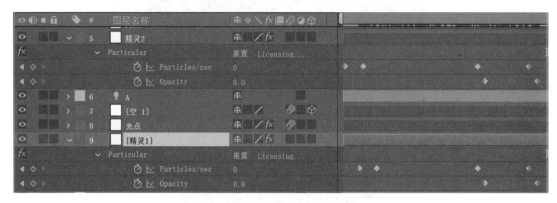

图 B03-146

17 新建纯色图层并将其命名为"顶光"，选中图层 #1"顶光"执行【效果】-【Video Copilot】-【Optical Flares】菜单命令，在【效果控件】中单击【Options】按钮进入灯光界面；在【预设浏览器】中选择【Lens Flares】-【Light】-【Green Spot Light】预设，单击【OK】按钮应用预设，如图 B03-147 所示。

图 B03-147

18 在【效果控件】中调整【位置 XY】参数，使其位于圣诞树的顶端，调整【颜色】为暖黄色，创建【亮度】和【大小】关键帧动画效果，制作顶光出现效果；使灯光在不停变换，选择【旋转偏移】关键帧后按住 Alt 键单击码表，添加表达式"time*5"；至此，圣诞精灵案例制作完成，单击▶按钮或按空格键，查看制作效果，如图 B03-148 所示，效果如图 B03-149 所示。

图 B03-148

图 B03-149

B03.6　作业练习——水下世界案例

近日小森在看电影时看到了一组水下宫殿的镜头，于是小森决定复刻其中的一个片段；由于水下宫殿无法实现，只能拍摄一个宫殿室内场景，因此需要通过特效完成水下世界的制作。

本作业原素材如图 B03-150 所示，完成效果如图 B03-151 所示。

图 B03-150

图 B03-151

作业思路

① 新建项目，新建合成"水下世界"，将素材"室内"导入合成；创建调整图层，使用【Lumetri 颜色】效果将画面调整为水下的蓝色调；创建调整图层，使用【Shine】制作出海底光线的效果；选中【分形杂色】复选框，制作出光线遇到水流的波动效果。

② 使用跟踪摄像机选取地面跟踪点，创建"实底和摄像机"，为实底添加【分形杂色】效果，制作海底光斑。为了方便制作，将其预合成；新建纯色图层，使用【Particular】效果，粒子选择泡泡效果，制作向上飘散的效果；新建黑色纯色图层，使用"蒙版"沿黑色墙体并创建"蒙版路径"关键帧动画，将气泡进行部分遮挡。

总结

本课学习了 Particular 3D 粒子系统，是 AE 影视后期项目中涉猎最多的插件。本篇带领读者深入学习了高级的特效操作技巧和常用插件的高级应用，并通过实例练习和综合案例让读者熟练掌握更多高级的特效操作技巧。

 读书笔记

C 实战篇

综合案例 实战演练

本篇案例综合度高，比较复杂，操作时间较长，需要学完 A 篇和 B 篇，在熟练掌握相关基础操作后才可动手实践。建议读者先根据操作步骤动手实践，再扫码观看视频了解详细操作过程。本篇应重点学习案例的思路，并学会举一反三，应用到实际工作中。

小森接到了一家游戏公司的项目，任务是将甲方游戏中的小镇建筑设计成一个夜景片段，让玩家能够欣赏到他们所建造的小镇在夜晚的效果。该片段投放后，游戏进入畅销榜前十。

本案例的最终效果如图 C01-1 所示。

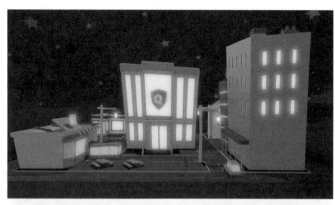

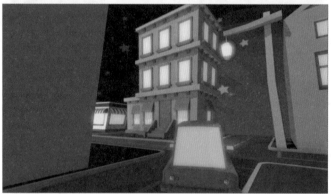

图 C01-1

制作思路

① 在 Element 界面中搭建小镇场景，为建筑添加颜色。

② 为建筑材质添加照明效果，根据需求设置不同亮度及色彩。

③ 使用空心圆柱添加星空贴图，将其放大以包裹小镇。

④ 创建灯光，模拟夜空中的月亮并调整小镇的阴影效果。

⑤ 创建摄像机，跟随汽车环绕小镇，移动其余汽车以丰富画面效果。

⑥ 创建"聚光灯"，模拟汽车前灯，并调整附加灯光以照亮天空。

操作步骤

01 新建项目，新建合成并命名为"黑夜车辆穿梭"。新建纯色图层并将其命名为"小镇"。选中图层 #1 "小镇"执行【效果】-【Video Copilot】-【Element】菜单命令，在【效果控件】双击【Scene Setup】菜单命令进入场景界面，在【Model Browser（模型浏览器）】-【3D Motion Graphic Pack】中挑选模型搭建"小镇"，调整模型缩放和旋转角度，如图 C01-2 所示，效果如图 C01-3 所示。

图 C01-2

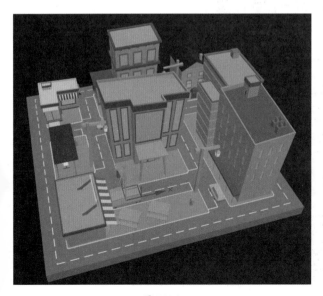

图 C01-3

02 单击【OK】按钮回到合成中，新建摄像机；新建空对象，将其设置为图层 #2 "摄像机"的父级，打开三维开关，调整【摄像机选项】-【缩放】参数，并调整图层 #1 "空 1"的【位置】参数，如图 C01-4 所示。

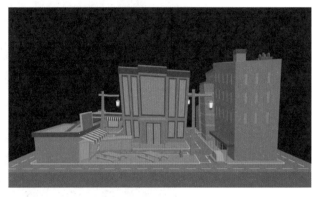

图 C01-4

03 进入 Element 界面，在【材质编辑】面板 -【Basic Settings（基本设置）】-【Diffuse Color（漫射颜色）】中自定义模型颜色，如图 C01-5 所示。

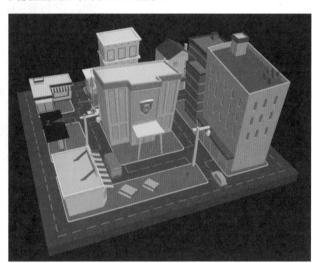

图 C01-5

04 下面制作夜晚的天空。新建一个"空心圆柱"模型，调整【Position XYZ（位置）】和【Scale（缩放）】参数；单击材质球，在【Textures（纹理）】-【Diffuse（漫射贴图）】中添加"星空贴图"（"星空贴图"在本小节提供的素材中），调整面板参数，如图 C01-6 所示，效果如图 C01-7 所示。

05 夜晚时房屋内会有灯光，在模型文件中找到"window"材质球，在【材质编辑】面板 -【Illumination（照明）】中调整颜色和灯光强度，如图 C01-8 所示；单击【OK】按钮回到合成中，查看制作效果，如图 C01-9 所示。

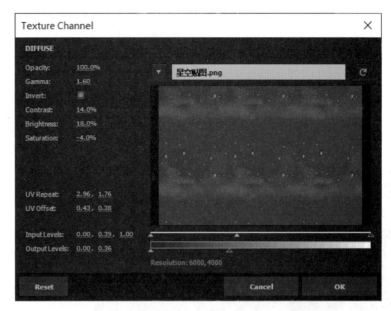

图 C01-6

图 C01-7

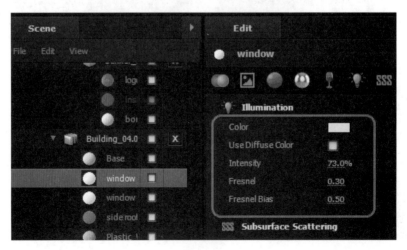

图 C01-8

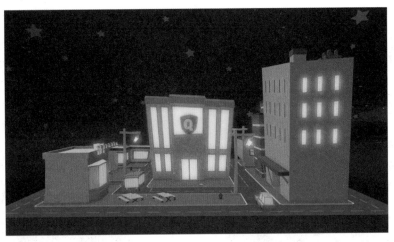

图 C01-9

06 在【效果控件】-【Render Settings（渲染设置）】-【Lighting（灯光）】中选中【Use Comp Lights（使用合成灯光）】复选框，设置【Add Lighting（添加灯光）】为【SSS（次表面散射）】，如图 C01-10 所示；将环境灯光方式改为近似夜间；新建灯光，设置【灯光类型】为【聚光】，选中【投影】复选框；调整图层 #1 "聚光灯 1" 中【位置】参数，制作月光的效果，如图 C01-11 所示。

```
∨ Render Settings
  > Physical Environment
  ∨ Lighting
      Use Comp Lights    ☑ Use Comp Lights
    > Light Falloff        0.24
      Add Lighting        SSS
  > Additional Lighting
  ∨ Shadows
```

图 C01-10

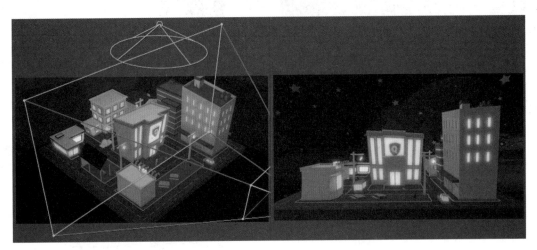

图 C01-11

07 查看效果可以发现画面中没有投影，选中图层 #4 "小镇"，在【效果控件】-【Render Settings（渲染设置）】-【Shadows（阴影）】中选中【Enable（启用）】复选框；选中【Ambient Occlusion（环境光吸收）】-【Enable AO（启用 AO）】复选框，完善阴影细节，调整【SSAO（屏幕空间环境光遮挡）】参数（调整时将画面放大以观察阴影细节），如图 C01-12 所示，效果如图 C01-13 所示。

图 C01-12

图 C01-14

08 进入 Element 界面,将画面中的"Car"和"Bus"模型独立分组;将画面中所有物体的【模型编辑】面板-【Baked Animation(烘焙动画)】-【Frame Offset(帧偏移)】参数调整为 0(更改后物体会在第 0 帧处开始运动);单击【OK】按钮,在【效果控件】中设置【Group 1】～【Group 4】中的【Particle Look(粒子外观)】-【Baked Animation(烘焙动画)】-【1.Loop Mode(循环模式)】为【Freeze at End(冻结在结束)】,使模型动画结束时停止在最后一帧,如图 C01-14 所示。

图 C01-13

09 观察到画面中有些"元素"无动画效果,找到元素"Q"并单击鼠标右键,在弹出的快捷菜单中执行【Auxiliary Animation(辅助通道)】-【Channel 1(通道 1)】菜单命令,如图 C01-15 所示,单击【OK】按钮;在【Group 1】添加【Aux Channels(辅助通道)】-【1.CH1.Force Opacity(强制不透明度)】关键帧,制作元素从无到有的出场效果;其他元素根据上述步骤制作效果,如图 C01-16 所示。

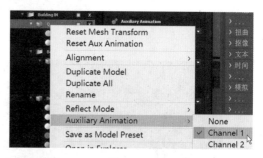

图 C01-15

图 C01-16

10 在【Group 2】添加【Particle Replicator（粒子复制器）】-【2.Position XY（位置 XY）】、【2.Position Z（位置 Z）】和【2.Z Rotation（旋转 Z）】关键帧，如图 C01-17 所示；添加图层 #2 "空 1" 和图层 #3 "摄像机 1" 的【位置】关键帧，制作 "摄像机" 缩放跟随 "黄色汽车" 沿着马路在城市中穿梭的效果，如图 C01-18 和图 C01-19 所示。

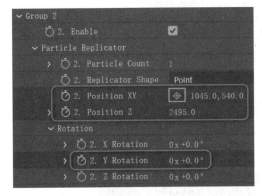

图 C01-17

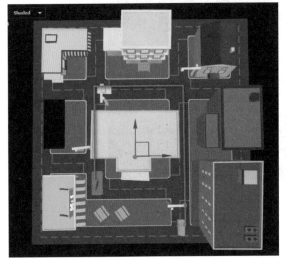

图 C01-18

图 C01-19

11 根据上述步骤制作【Group 3】和【Group 4】的动画，如图 C01-20 和图 C01-21 所示。

图 C01-20

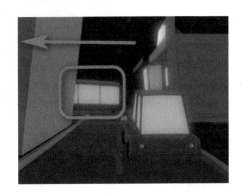

图 C01-21

12 新建灯光，设置【灯光类型】为【聚光】，选中【投影】复选框，制作汽车车灯；调整图层 #1 "聚光灯 2" 的【位置】和【锥形角度】参数，添加【位置】和【方向】关键帧，跟随汽车移动，如图 C01-22 所示。

图 C01-22

13 选中图层 #5 "小镇"，在【效果控件】中添加【Render Settings（渲染设置）】-【Lighting（灯光）】-【Additional Lighting（附加灯光）】-【Brightness Multiplier（亮度倍增）】和【Y Rotation Lighting（灯光旋转 Y）】关键帧，如图 C01-23 所示，制作车灯照亮远方的效果，如图 C01-24 所示。

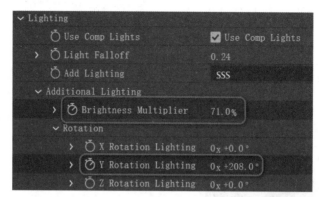

图 C01-23

图 C01-24

14 至此，小镇夜景案例制作完成，单击▶按钮或按空格键，查看制作效果。

 读书笔记

之前制作的 LOGO 展示给甲方后，他们非常满意，因此又安排了新的设计任务给小森。这次的任务是制作一个游戏 LOGO，要求根据情节设定，设计一个被冰封后复苏的冰原狼，画面要丰富，同时添加云雾、火焰等元素，并完善声效。甲方看到设计成品后感到非常满意，对小森的设计也非常认可，并向老板表示今后的设计任务都交给小森完成！

本案例的最终效果如图 C02-1 所示。

图 C02-1

制作思路

① 使用 AutoFill 制作生长动画，创建速度贴图，填充中间过渡动画。

② 使用分形杂色制作冰层效果，将其放置在生长动画开始前。

③ 使用 Optical Flares 灯光插件，制作背景光。

④ 使用 Particular 制作云层效果，制作遮挡和背景两层效果。

⑤ 使用 Saber 丰富冰原狼环境光。

⑥ 制作冰原狼复苏眨眼动画，在其复活时眼睛出现蓝色光芒。

⑦ 配合光芒制作寒气粒子烟雾和眼睛粒子烟雾，并添加牙齿光芒。

操作步骤

01 新建项目，新建合成并命名为"冰原狼案例"，在【项目】面板中导入素材"狼.png""风声.mp3""冰块碎裂的声音.mp3""蓝色火焰.mp3""高光.mp3"；把图片素材"狼.png"拖曳至合成中，选中图层 #1"狼"执行【效果】-【Plugin Everything】-【AutoFill】菜单命令，在【合成查看器】面板中调整【Points（点）】-【Position 1（位置 1）】参数，将该点的位置放置在"狼"的鼻尖处；接下来制作速度贴图，选择图层 #1"狼"按 Ctrl+D 快捷键进行复制，将其命名为"速度贴图"，执行【色调】和【色阶】菜单命令，使贴图黑白区分明显，如图 C02-2 所示。

图 C02-2

02 选中图层 #2"狼"，在【效果控件】中设置【Speed Map（速度贴图）】-【Mode（模式）】为【Custom Layer（自定义图层）】，设置【Layer（图层）】为【1.速度贴图】，选择"效果和蒙版"；选中图层 #1"速度贴图"关闭可视化属性；选中图层 #2"狼"调整【Speed Map（速度贴图）】-【Speed Map Influence（速度贴图影响）】参数为 163%，添加【Speed（速度）】关键帧，如图 C02-3 所示；为了方便后面制作效果，全选图层创建预合成并命名为"原始"。

03 为了丰富生长动画，选中图层 #1"原始"按 Ctrl+D 快捷键复制两次；把"原始"合成置于上方，移动合成开始时间制作错位效果，以丰富变换。选中图层 #3"原始"将其重命名为"开始青色"，执行【效果】-【生成】-【填充】菜单命令，调整【颜色】为青色；选中图层 #2"原始"

将其重命名为"中间蓝色过渡"，执行【效果】-【生成】-【填充】菜单命令，调整【颜色】为蓝色，如图 C02-4 所示，效果如图 C02-5 所示。

图 C02-3

图 C02-4

图 C02-5

04 在【项目】面板中把素材"狼.png"拖曳至【时间轴】面板中，置于合成的最下方，为了方便区分，将其重命名为"蓝色狼"，执行【效果】-【颜色校正】-【色调】菜单命令，调整【将黑色映射到】色值为 #0B33C7，调整【将白色映射到】色值为 #DAF3F2，将整体调整为蓝色，如图 C02-6 所示。

图 C02-6

05 为了制作寒冰狼的效果，新建纯色图层并将其命名为"分形杂色 1"，执行【效果】-【杂色和颗粒】-【分形杂色】

菜单命令，具体参数设置如图C02-7所示。选中图层#1"分形杂色1"按Ctrl+D快捷键进行复制，将其重命名为"分形杂色2"，在【效果控件】中调整【缩放】参数以将其放大；选中图层#2"分形杂色1"，设置【轨道遮罩】为【亮度遮罩"分形杂色2"】，如图C02-8所示。

图 C02-7

图 C02-8

06 选中图层#1和图层#2将其预合成并命名为"冰"，为了使其更加纯净，新建纯色图层，命名为"去黑色"，颜色设置为白色；在【时间轴】面板中选中图层#1"去黑色"，将其移动至图层"冰"下方，设置【轨道遮罩】为【亮度遮罩"冰"】，去除画面中的黑色，如图C02-9所示。

图 C02-9

07 选中图层#1和图层#2将其预合成并命名为"冰层"；选择图层#5"蓝色狼"执行【图层】-【自动跟踪】菜单命令，在【时间跨度】中选中【当前帧】复选框，单击

【确定】按钮。在【时间轴】面板中选中生成的蒙版并将其复制到图层#1"冰层"上，如图C02-10所示。

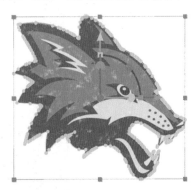

图 C02-10

08 根据上述制作冰层的方式，对图层#4"开始青色"进行丰富；新建摄像机并新建空对象，建立"父子级"关系，使图层#2"摄像机1"成为图层#1"空1"的子集；选中图层#1"空1"按P键，添加【位置】属性关键帧，以制作推进动画；选中图层#3"冰层"和图层#7"蓝色狼"移动Z轴将其后移，如图C02-11和图C02-12所示。

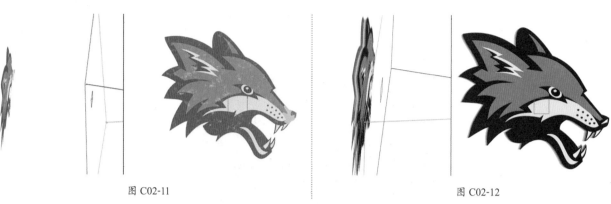

图 C02-11　　　　　　　　　　　　　　　图 C02-12

09 新建纯色图层，颜色设置为黑色，命名为"背景"，将图层拖曳至合成最下方；新建纯色图层并将其命名为"背景光线"，拖曳图层将其移动至"背景"图层上方，执行【效果】-【Video Copilot】-【Optical Flares】菜单命令，在【效果控件】中单击【Options】按钮进入灯光面板，在【预设浏览器】中选择【Lens Flares】-【Pro Presets】-【Winter Aurora】预设，调整灯光颜色，如图 C02-13 所示，效果如图 C02-14 所示。

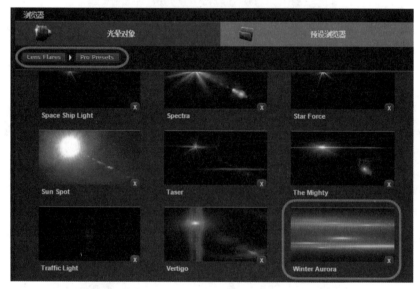

图 C02-13

图 C02-14

10 接下来制作云雾的效果，新建纯色图层，执行【效果】-【RG Trapcode】-【Particular】菜单命令，在【效果控件】中单击【Designer】按钮进入粒子界面，设置【Emitter Type（发射器类型）】为【Box（盒子）】，调整【Particles/sec（粒子 / 秒）】参数为 40；调整【Velocity（速度）】和【Velocity Random（速度随机）】参数为 0；设置【Particle Type（粒子类型）】为【Cloudlet（云）】；调整【Size（大小）】属性将粒子放大，调整【Opacity（不透明度）】属性将粒子不透明度降低；将做好的云雾按 Ctrl+D 快捷键进行复制，一层作为遮盖，另一层作为背景，如图 C02-15 所示。

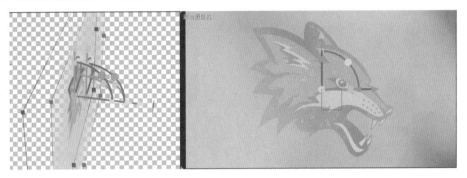

图 C02-15

11 下面丰富自动生长动画，制作蓝色火焰效果。对图层"原始"复制两次，移动图层入点制作错位效果，设置【轨道遮罩】为【Alpha 反转遮罩"原始"】，如图 C02-16 所示，将其预合成并命名为"蓝色火焰"，添加【湍流杂色】效果制作杂色；添加【色调】效果改变颜色；添加【湍流置换】效果使画面扭曲更富动感；添加【发光】效果增强蓝色火焰效果；添加【绘画】效果将多余图像外的线条擦除，如图 C02-17 所示。

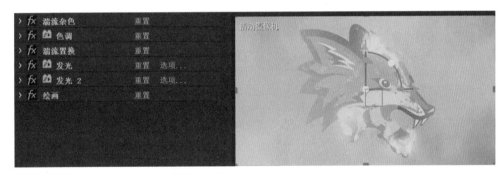

图 C02-16

图 C02-17

12 制作快速眨眼动画，选中图层"原始"进行复制，执行【效果】-【生成】-【填充】菜单命令，使用【蒙版】绘制眼皮轮廓，添加【蒙版路径】关键帧制作眨眼动画，如图 C02-18 所示。

图 C02-18

13 制作再次睁眼时露出蓝色发光眼睛，然后熄灭回归正常眼睛的效果。对图层"原始"进行复制并命名为"扣去眼睛"，使用【蒙版】扣去眼睛部分；新建纯色图层，添加【Saber】效果制作蓝色发光眼睛，将其预合成并命名为"蓝色发光眼睛"，使用【蒙版】绘制眼睛轮廓；配合动画添加【蒙版路径】和【蒙版扩展】关键帧并调整图层出入点，如图 C02-19 所示，效果如图 C02-20 所示。

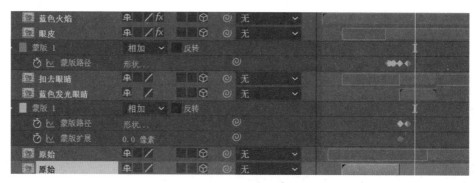

图 C02-19

图 C02-20

14 使用 Saber 插件制作蓝色背光效果，新建纯色图层并命名为"背光"，把图层拖曳至图层"背景光线"上方，执行【效果】-【Video Copilot】-【Saber】菜单命令；选中图层"冰层"的蒙版按 Ctrl+C 快捷键进行复制，选中图层"背光"按 Ctrl+V 快捷键进行粘贴，将蒙版复制在"背光"图层上。在【效果控件】中设置【Customize Core（自定义主体）】-【Core Type（主体类型）】为【Layer Masks（遮罩图层）】，调整其余属性，添加【蒙版路径】关键帧，制作由小放大的动画效果，如图 C02-21 所示。

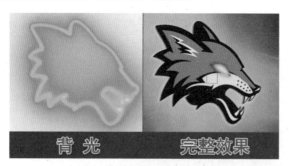

图 C02-21

15 制作寒气粒子烟雾，新建纯色图层并命名为"粒子烟雾"，执行【效果】-【RG Trapcode】-【Particular】菜单命令，在【效果控件】中单击【Designer】按钮进入粒子界面，如图 C02-22 所示，设置【Emitter Type（发射器类型）】为【Point（点）】，调整【Particles/sec（粒子/秒）】参数为 690，调整【Velocity（速度）】和【Velocity Random（速度随机）】参数为 0；设置【Particle Type（粒子类型）】为【Cloudlet（云）】；调整【Size（大小）】属性将粒子放大，调整【Size/Rotation（尺寸和旋转）】和【Opacity（不透明度）】属性和绘制曲线。调整【Environment（环境）】-【Gravity（重力）】参数为 -100，调整【Air Density（空气密度）】参数为 0；调整【Drift（飘移）】参数制作烟雾向左飘动；调整【TF Displace XYZ（湍流等比置换）】参数为 500，效果如图 C02-23 所示。

16 根据上述制作方法，新建纯色图层并命名为"眼睛粒子烟雾"，执行【效果】-【RG Trapcode】-【Particular】菜单命令；使用插件制作蓝色发光粒子烟雾，并将其进行复制，以制作白色粒子烟雾，配合蓝色发光眼睛动画制作出现和消散动画，如图 C02-24 所示。

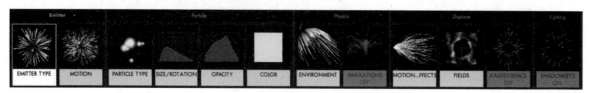

图 C02-22

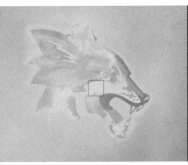

图 C02-23

图 C02-24

17 新建纯色图层并命名为"牙齿高光",执行【效果】-【Video Copilot】-【Optical Flares】菜单命令,如图 C02-25 所示,使用插件制作牙齿高光闪烁的动画,效果如图 C02-26 所示。

图 C02-25

图 C02-26

18 根据画面添加音效"风声 .mp3""冰块碎裂的声音 .mp3""蓝色火焰 .mp3""高光 .mp3"。至此,冰原狼案例制作完成,单击▶按钮或按空格键,查看制作效果。

大家都知道小森是一个科幻迷，同时也是一个小有名气的博主。有一天，公司接到了一个制作未来世界的项目，老板决定让小森成为项目主管，全权负责此次项目。甲方提供了设计样图和制作思路，要求小森在此基础上制作成视频。经过大家的努力，项目最终圆满完成。小森因此次项目的出色表现被破格提拔为影视部主管，成为团队中的重要角色。

本案例的最终效果如图 C03-1 所示。

图 C03-1

制作思路

① 使用 Projection 3D 将图片转换为三维场景，分区创建合成。

② 替换平面并清除背景，将"前面山体""中间山脉""背景"单独展现。

③ 为了使画面更加丰富，使用 Optical Flares 为山间添加光效。

④ 使用 Particular 制作云层效果，制作遮挡和山间云雾两层效果，山间云雾较为稀薄。

⑤ 使用 Element 制作"欢迎来到"和"未来世界"立体文字，制作文字砸下出场动画。

⑥ 丰富画面，使用 Element 添加"飞机""客机""战斗机"。

⑦ 丰富背景，选择【跟踪摄像机】添加建筑元素，并输出带有透明通道的视频放置在合成内。

操作步骤

[01] 新建项目，新建合成并命名为"未来世界"，在【项目】面板中导入素材"山脉 .jpg""标题背景 .mp3""战斗机 .mp3""飞机高空飞过 .mp3"；把图片素材"山脉 .jpg"拖曳至合成中，选中图层 #1"山脉"执行【窗口】-【Projection 3D.jsx】菜单命令，在【Projection 3D】面板中单击【Match Camera（匹配摄像机）】按钮，在【查看器】面板中调整【HELPER GRID（辅助网格）】属性，使其与"山脉"场景的透视一致，如图 C03-2 所示，效果如图 C03-3 所示。

图 C03-2

图 C03-3

[02] 全选图层 #1"Camera"和图层 #3"山脉 .jpg"，如图 C03-4 所示；在【Projection 3D】面板中单击【Create Projection（创建投射）】按钮，如图 C03-5 所示；在弹出的【Create Projection（创建投射）】对话框中调整【Number of Scenes（场景数目）】参数为3，创建3个场景数量，如图 C03-6 所示。

图 C03-4

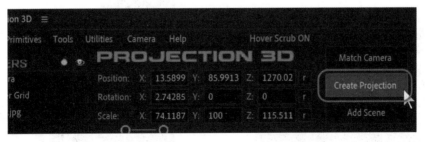

图 C03-5

图 C03-6

03 选中图层 #4 "Projection Scene 3" 双击进入合成，在【Projection 3D】面板中的【HELPER GRID（辅助网格）】中选中【Back（背面）】和【Bottom（底面）】复选框，如图 C03-7 所示，单击【OK】按钮，创建背面和底面；在时间轴上自动生成图层 #1 "Back" 和图层 #2 "Bottom"，如图 C03-8 所示，效果如图 C03-9 所示。

图 C03-7

图 C03-8

图 C03-9

04 返回"未来世界"合成中，选中图层 #3 "Projection Scene 2" 双击进入合成，为了防止中间的山峰在后续制作摄像机动画时产生畸变，在【Projection 3D】面板中选择【Primitives（模型）】-【CUBE】选项，在中间的山峰创建立方体，如图 C03-10 所示，效果如图 C03-11 所示。

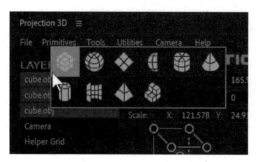

图 C03-10

图 C03-11

05 返回"未来世界"合成中，选中图层 #2 "Projection Scene 1" 双击进入合成，在【Projection 3D】面板中选择【Primitives（模型）】-【CUBE】选项，选择图层 #1 "Cube. obj"调整【位置】和【缩放】参数，使"立方体"大小和纵深关系与"山脉"一致，如图 C03-12 所示，效果如图 C03-13 所示。

图 C03-12

图 C03-13

06 此时我们已经创建了三维场景，但是场景中并不是单纯的物体，需使用 Photoshop 软件将"前面山体""中间山脉""背景"进行扣出和填充，如图 C03-14 ～图 C03-16 所示。

图 C03-14

图 C03-15

图 C03-16

07 返回"未来世界"合成中，选择图层 #2"Projection Scene 1"，在【Projection 3D】面板中单击【Replace Projection

Images（替换投影）】按钮，对创建完成的平面进行替换，如图 C03-17 所示。选择"前面山体 .png"，为了显示原本的透明通道，在面板中执行【Utilities（实用工具）】-【Clean Edges（清洁边缘）】菜单命令，如图 C03-18 所示，清洁替换的内容产生的白色边缘，效果如图 C03-19 所示。

图 C03-17

图 C03-18

图 C03-19

08 根据上述步骤，选中图层 #3"Projection Scene 2"，在面板中单击【Replace Projection Images（替换投影）】按钮，执行【Utilities（实用工具）】-【Clean Edges（清洁边缘）】菜单命令，清洁替换的内容产生的白色边缘；选中图层 #4"Projection Scene 3"，单击【Replace Projection Images（替换投影）】按钮。至此三个场景替换完成，如图 C03-20 所示。

图 C03-20

09 选中图层 #1 "Movie Camera" 添加【目标点】和【位置】关键帧动画，制作摄像机前进动画，根据画面效果调整具体参数，如图 C03-21 所示。

图 C03-21

10 为了使画面更加丰富，添加与画面相近的暖黄色灯光，新建纯色图层并命名为"左灯光"，选择图层 #1 "左灯光"，执行【效果】-【Video Copilot】-【Optical Flares】菜单命令，在【效果控件】中单击【Options】按钮进入灯光面板，在【预设浏览器】中选择【Lens Flares】-【Light】-【Beached】预设，调整灯光预设，如图 C03-22 所示。

图 C03-22

11 在【效果控件】中调整【位置 XY】和【中心位置】参数，设置【中心位置】在图片中"太阳"处，设置【位置 XY】在左侧山脉处；选中图层 #1 "左灯光"按 Ctrl+D 快捷键进行复制并重命名为"右灯光"，调整【位置 XY】和【中心位置】参数，为左右两侧山脉添加灯光效果，如图 C03-23 所示。

图 C03-23

12 使左右两侧山脉始终有灯光效果，为图层 #1 "右灯光"和图层 #2 "左灯光"添加【位置 XY】关键帧动画，通过添加【旋转偏移】关键帧动画使灯光有所变化，如图 C03-24 所示，效果如图 C03-25 所示。

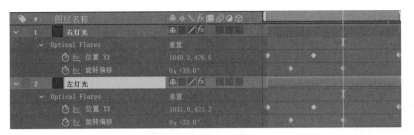

图 C03-24

图 C03-25

13 接下来制作云雾的效果，新建纯色图层并命名为"云"，执行【效果】-【RG Trapcode】-【Particular】菜单命令，在【效果控件】中单击【Designer】按钮进入粒子界面，设置【Emitter Type（发射器类型）】为【Box（盒子）】，调整【Particles/sec（粒子 / 秒）】参数为 10，调整【Velocity（速度）】和【Velocity Random（速度随机）】参数为 0；调整【Particle Type（粒子类型）】为【Cloudlet（云）】；调整【Size（大小）】属性将粒子放大，调整【Opacity（不透明度）】属性将粒子不透明度降低，如图 C03-26 所示。

图 C03-26

14 选中图层 #1 "云"，在图层起始处添加【Particles/sec（粒子 / 秒）】关键帧动画，在后两帧处调整为 0；移动图层入点至第二关键帧处，添加【Opacity（不透明度）】关键帧动画，制作云雾从稀薄到逐渐消散的过程，添加【Drift Z】关键帧动画使云雾向前移动，如图 C03-27 所示。

图 C03-27

⑮ 新建纯色图层并命名为"山间云"，拖曳图层 #1"山间云"放置在图层 #5"Projection Scene 1"下方，执行【效果】-【RG Trapcode】-【Particular】菜单命令，在【效果控件】中单击【Designer】按钮，同上述步骤一样，设置【Particle Type（粒子类型）】为【Sphere（球形粒子）】，如图 C03-28 所示。

图 C03-28

⑯ 接下来制作标题，创建文本"欢迎来到"并将可视化关闭；新建纯色图层并命名为"欢迎来到"；选中图层 #1"欢迎来到"执行【效果】-【Video Copilot】-【Element】菜单命令，创建立体文字标题，在【效果控件】中双击【Scene Setup】菜单命令进入界面，单击【EXTRUDE（挤出对象）】按钮挤出文字；单击模型调整【Bevel Copies（倒角数量）】参数为 2，添加材质球并调整倒角 2 的大小，如图 C03-29 所示。

图 C03-29

⑰ 根据上述步骤制作"未来世界"的立体文字标题，将制作完成的立体文字标题拖曳至"灯光"图层下方；选中图层 #7"欢迎来到"，在【效果控件】中添加【Position Z】关键帧动画，制作"欢迎来到"砸下的效果；选中图层 #6"未来世界"，在【效果控件】中添加【Position XY】关键帧动画，制作"未来世界"落下的效果，并添加【位置】关键帧动画使立体文字标题始终居中。选中图层 #3"云"添加【不透明度】关键帧动画，制作立体文字标题砸下时云雾消散的效果，如图 C03-30 所示，效果如图 C03-31 所示。

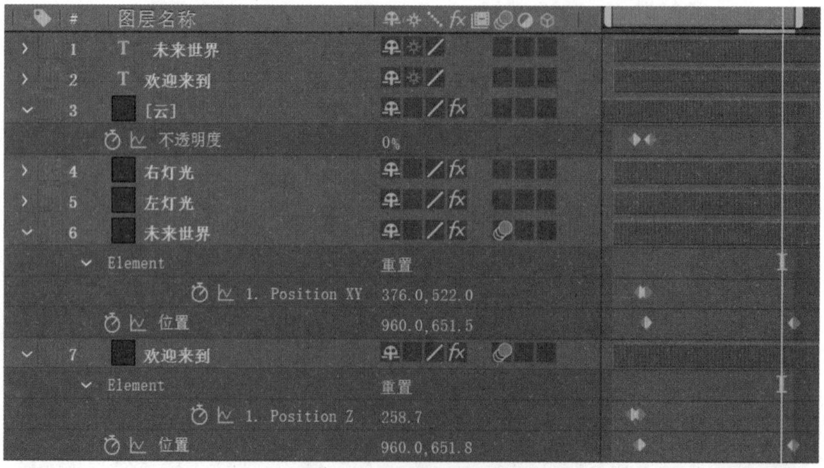

图 C03-30

⑱ 新建纯色图层并命名为"飞机"，将其拖曳至"灯光"图层下方，执行【效果】-【Video Copilot】-【Element】菜单命令，在预设中选择合适的飞机模型；在【效果控件】中添加【Position XY】和【Position Z】关键帧动画，制作飞机从山谷

中穿过并飞远的效果；为了丰富画面效果，添加【Y Rotation】和【Z Rotation】关键帧动画，制作飞机在飞行时机身旋转效果；当"飞机"飞过立体文字标题接近山体时按 Ctrl+Shift+D 快捷键拆分图层，将图层 #5"飞机 2"拖曳至图层"Projection Scene 1"下方，如图 C03-32 所示，效果如图 C03-33 所示。

图 C03-31

图 C03-32

图 C03-33

⑲ 根据上述步骤添加"客机"和"战斗机"并制作其动效，如图 C03-34 所示；根据画面添加"标题背景 .mp3""战斗机 .mp3""飞机高空飞过 .mp3"音效，如图 C03-35 所示。

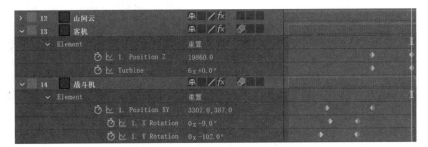

图 C03-34

图 C03-35

20 为了丰富画面效果，当飞机飞过时制作摄像机抖动动画，选择图层 #9 "Movie Camera" 添加两段【目标点】关键帧动画，如图 C03-36 所示。

图 C03-36

21 导出两份没有添加效果前的视频，一份前景，另一份背景；在【项目】面板中导入视频素材"前景 .mov"和"背景 .mp4"，如图 C03-37 所示。使用素材"背景"创建合成，在【跟踪器】面板中单击【跟踪摄像机】按钮添加建筑元素（建筑元素需要使用 Photoshop 软件进行处理，后导出带透明通道的图片），如图 C03-38 所示。

城市.jpg　湖泊.jpg　建筑.jpg　建筑2.jpg　热气球.jpg

图 C03-37

图 C03-38

22 把跟踪完成的"建筑合成"导出为带透明通道的视频格式，在【项目】面板中导入视频素材"建筑合成 .mov"，将其拖曳至图层 #15 "Projection Scene 2"上方。至此，未来世界案例制作完成，单击▶按钮或按空格键，查看制作效果。

现在处于高速发展的数字化时代，公司计划开展一个城市宣传片项目，希望小森在项目中展现科技和数字化的特点。同时，会给剪辑完成的部分视频片段添加"粒子光线"和"数据流"，使整个片子凸显科技感。

本案例的最终效果如图 C04-1 所示。

图 C04-1

制作思路

① 为"航拍"制作粒子拖尾效果，并绘制大厦蒙版使其遮挡粒子。

② 使用粒子制作"数据流"效果，使用轨道遮罩将效果应用于大厦和高楼中。

③ 完善细节，使科技感更强，为"白色高楼"创建蓝底。

④ 为"立交桥"制作粒子拖尾和信息流效果，并制作两个光线效果。

⑤ 创建桥面蒙版将其扣出，模拟真实的遮挡关系。

⑥ 为"海城"添加"点线面"效果，使用粒子制作"数据流"效果的背景。

⑦ 使用 E3D 效果制作"数字时代"标题文字。

操作步骤

01 新建项目，在【项目】面板中导入视频素材"航拍 .mp4""立交桥 .mp4""海城 .mp4"，使用"航拍 .mp4"视频素材创建合成；新建纯色图层并将其命名为"粒子效果"并新建灯光，设置【灯光类型】为【点】，如图 C04-2 所示。

图 C04-2

02 使灯光效果更明显，新建纯色图层并命名为"光点"，选中图层 #1"光点"执行【效果】-【Video Copilot】-【Optical Flares】菜单命令，在【效果控件】中单击【Options】按钮进入灯光界面；在【预设浏览器】中选择【Lens Flares】-【Motion Graphics】-【50mm Prime】预设，然后在【堆栈】面板中单击【Glow】右侧的【独奏】按钮，把灯光颜色调整为蓝色，如图 C04-3 所示。

图 C04-3

03 设置图层【混合模式】为【相加】，使"光点"效果能跟随"灯光"移动，在【效果控件】中设置【位置模式】-【来源类型】为【跟踪灯光】；接下来对"光点"效果进行进一步调整，调整【颜色】为蓝色，如图 C04-4 和图 C04-5 所示。调整【亮度】属性参数为 60，调整【大小】属性参数为 50，如图 C04-6 所示；选中图层 #2"灯光"添加【位置】关键帧，制作灯光从右下到左上出画的效果，如图 C04-7 所示。

图 C04-4

图 C04-5

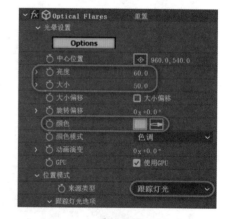

图 C04-6

图 C04-7

04 接下来制作粒子拖尾效果。选择图层 #3 "粒子效果"执行【效果】-【RG Trapcode】-【Particular】菜单命令，在【效果控件】中单击【Designer】按钮进入【Trapcode Particular Designer】面板；设置【Emitter Type（发射器类型）】为【Light（s）(灯光)】，使粒子跟随"灯光"移动，在界面中调整【Motion（运动方式）】属性，调整【Velocity（速度）】【Velocity Random（速度随机）】【Velocity Distribution（速度分布）】【Velocity from Emitter Motion（从发射器运动速度参数）】参数为0，如图C04-8所示。

图 C04-8

05 制作粒子线条，调整【Size/Rotation（尺寸和旋转）】-【Size（大小）】参数为60；设置【Particle Type（粒子类型）】为【Streaklet（散粒子）】，调整【Life (seconds)（粒子寿命）】参数为2，调整【Number of Streaks（条纹数量）】【Streak Size（条纹大小）】【Streaklet Random Seed（条纹随机种子）】参数，如图C04-9所示，效果如图C04-10所示。

图 C04-9

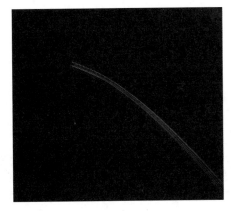

图 C04-10

06 接下来调整【Emitter Type（发射器）】-【Particles/sec（粒子 / 秒）】参数为760；设置【Opacity（不透明度）】为【Linear Fade（逐渐消失）】，根据曲线调整粒子持续时间内的不透明度；为粒子添加颜色，设置【Color（颜色）】为【Light Blue】，如图C04-11所示，效果如图C04-12所示。

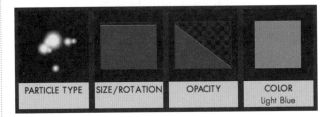

图 C04-11

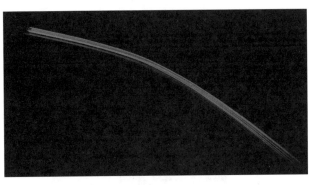

图 C04-12

07 为粒子拖尾添加动效，调整【Environment（环境）】-【Air Density（空气密度）】参数为0；调整【Fields（场）】-【Turbulence Field（湍流阻滞）】-【TF Affect Size（湍流影响大小）】参数为88，调整【TF Displace XYZ（湍流等比置换）】参数为27；至此，粒子拖尾效果就制作完成了，单击【Apply（应用）】按钮回到合成。为粒子添加发光效果，执行【效果】-【Plugin Everything】-【Deep Glow】菜单命令，在【效果控件】中调整【半径】参数为100，调整【曝光】参数为0.5，如图C04-13所示，效果如图C04-14所示。

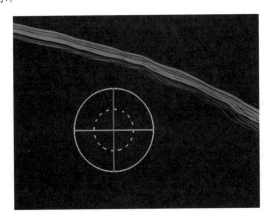

图 C04-13

图 C04-14

08 可以观察到现在粒子效果处于大厦前方，选中图层 #4"航拍"按 Ctrl+D 快捷键进行复制，将其重命名为"大厦"并将其置于合成最上方；选中图层 #1"大厦"创建大厦蒙版将其抠出，并添加【蒙版路径】关键帧动画，使粒子效果位于大厦后方，如图 C04-15 所示。

图 C04-15

09 接下来再使用粒子制作"数据流"效果，新建纯色图层并将其命名为"数据流"，进入粒子界面；设置【Emitter Type（发射器类型）】为【Box（盒子）】；调整【Position（位置）】参数，使粒子发射器位于画面下方；跟粒子拖尾效果一样，在【Motion（运动方式）】中调整速度为 0，如图 C04-16 所示。

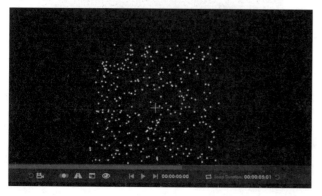

图 C04-16

10 调整【Emitter Type（发射器类型）】-【Emitter Size（发射器大小）】为【XYZ Individual（单独 XYZ 轴）】，调整【Emitter Size X（发射器 X 大小）】参数，使粒子横向铺满画面；由于"数据流"效果是向上飘散的，调整【Environment（环境）】-【Gravity（重力）】参数为 -100，如图 C04-17 所示。

图 C04-17

11 使粒子多些，调整【Emitter Type（发射器类型）】-【Particles/sec（粒子/秒）】参数为 300；调整【Size/Rotation（尺寸和旋转）】-【Size（大小）】参数为 10；调整【Particle Type（粒子类型）】-【Life(seconds)（粒子寿命）】参数为 4，使粒子为数字，设置【Particle Type（粒子类型）】为【Sprite（自定义粒子）】，单击【Apply（应用）】按钮回到合成效果，如图 C04-18 所示。

图 C04-18

12 创建文本"0""1""2"并将其预合成，重命名为"数字"并关闭可视化属性，如图 C04-19 所示。选择图层 #2"数据流"，在【效果控件】中设置【Particle（粒子）】-【Sprite Controls（自定义粒子控件）】-【Layer（图层）】为【1. 数字】，如图 C04-20 所示，效果如图 C04-21 所示。

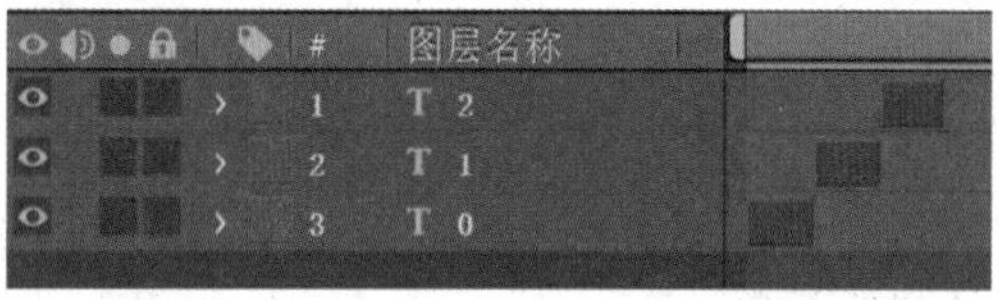

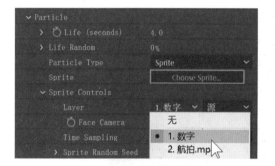

图 C04-19

图 C04-20

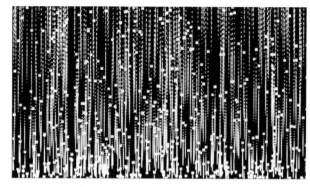

图 C04-22

13 现在应用"数据流"效果的粒子较少，需要添加辅助粒子系统，选中图层 #2"数据流"进入界面，新建粒子，设置【Emitter Type（发射器类型）】为【Emit from Parent System（从父系统发出）】，使辅助粒子跟随父系统发出；调整【Particles/sec（粒子/秒）】参数为20；调整【Motion（运动方式）】中速度为0；调整【Particle Type（粒子类型）】-【Life(seconds)（粒子寿命）】参数为0.5，如图 C04-22 所示。

14 使辅助系统与主系统一致，调整【Size/Rotation（尺寸和旋转）】-【Size（大小）】参数为10；设置【Opacity（不透明度）】为【Electric】；使粒子为数字，设置【Particle Type（粒子类型）】为【Sprite（自定义粒子）】，回到合成中自定义粒子类型；为粒子添加发光效果，执行【效果】-【Plugin Everything】-【Deep Glow】菜单命令，在【效果控件】中调整【半径】参数为200，如图 C04-23 所示。

图 C04-21

图 C04-23

15 使"数据流"效果应用于大厦和高楼中，选中图层 #3"大厦"按 Ctrl+D 快捷键进行复制，将其重命名为"高楼"并置于图层 2"数据流"上方；选中图层 #2"高楼"创建高楼蒙版将其抠出，添加【蒙版路径】关键帧动画；选择图层 #3"数据流"，设置【轨道遮罩】为【Alpha 遮罩"高楼"】，使"数据流"效果位于高楼中，如图 C04-24 所示。

图 C04-24

16 使科技感更强，为"白色高楼"添加蓝底，并完善细节，将"白色高楼"区域内的树使用蒙版进行遮挡，这样片段一"航拍"合成就制作完成了，调整前后如图 C04-25 所示，效果如图 C04-26 所示。

17 使用"立交桥.mp4"视频素材创建合成；新建纯色图层并将其重命名为"粒子效果"，并新建灯光，设置【灯光类型】为【点】，添加【位置】关键帧动画，根据上述步骤制作"光点"效果，如图 C04-27 所示。

图 C04-25

图 C04-26

图 C04-27

18 将上述的"粒子拖尾"效果和"数据流"效果相结合，制作"桥 1 光线"效果，为了方便观察而将其预合成，如图 C04-28 所示。

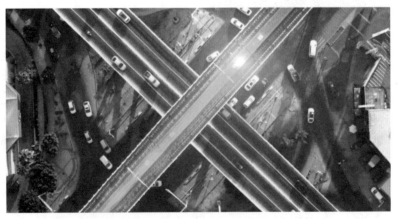

图 C04-28

19 根据上述步骤制作"桥 2 光线"，将其拖曳至图层"桥 1 光线"下方；使"桥 2 光线"位于"桥面"的下方，选择图层 #3"立交桥"按 Ctrl+D 快捷键进行复制，将其重命名为"桥面"并将其置于图层"桥 2 光线"上方，选择图层 #2"桥面"创建桥面蒙版将其抠出，添加【蒙版路径】关键帧动画；这样片段二"立交桥"合成就制作完成了，如图 C04-29 所示。

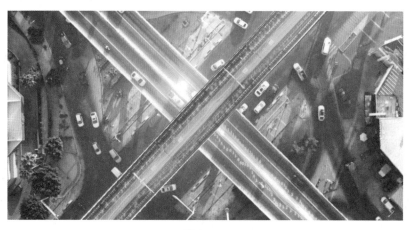

图 C04-29

20 使用"海城.mp4"视频素材创建合成,选择图层 #1"海城"执行【效果】-【颜色】-【Lumetri 颜色】菜单命令,将整体颜色进行调整;接下来制作"点线面"效果,在【跟踪器】面板中单击【跟踪摄像机】按钮,等待系统完成分析,如图 C04-30 所示。

图 C04-30

21 选择"跟踪点"并右击,在弹出的快捷菜单中选择【创建空白和摄像机】选项,共创建六个跟踪点;接下来制作"点线面"效果,新建纯色图层并将其命名为"点线面",执行【效果】-【Browbyte】-【Plexus】菜单命令,如图 C04-31 所示。

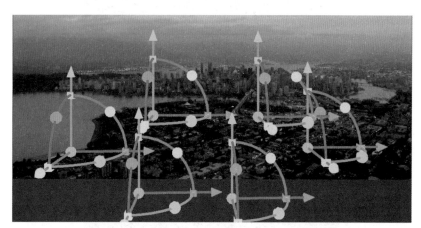

图 C04-31

22 在【效果控件】中选择【Plexus】效果,单击"开关"按钮进入【Plexus Object Panel】面板,设置【Add Geometry】为【Layers】,【效果控件】中会添加【Plexus Layers Object】效果,设置【对象类型】为【3D 图层】;在面板中设置【Add

Renderer】为【Lines】,【效果控件】中会添加【Plexus Lines Renderer】效果,调整【最大距离】参数为4000,取消选中【从顶点获取颜色】复选框,调整【线厚度】参数为3,如图C04-32所示。

图 C04-32

23 接下来制作连接面的效果,在面板中设置【Add Renderer】为【Triangulation】,在【效果控件】中会添加【Plexus Triangulation Renderer】效果,调整【最大距离】参数为2400,取消选中【从顶点获取颜色】复选框,调整【颜色】为蓝色;取消选中【从顶点获取透明度】复选框,调整【不透明度】参数为20%,如图C04-33所示。

图 C04-33

24 为"点线面"效果丰富顶点,新建纯色图层并将其命名为"顶点";使"顶点"与"跟踪点"贴合,按住Shift键建立父子级,并调整【缩放】参数;执行【效果】-【生成】-【无线电波】菜单命令,在【效果控件】中调整属性,具体设置如图C04-34所示,效果如图C04-35所示。

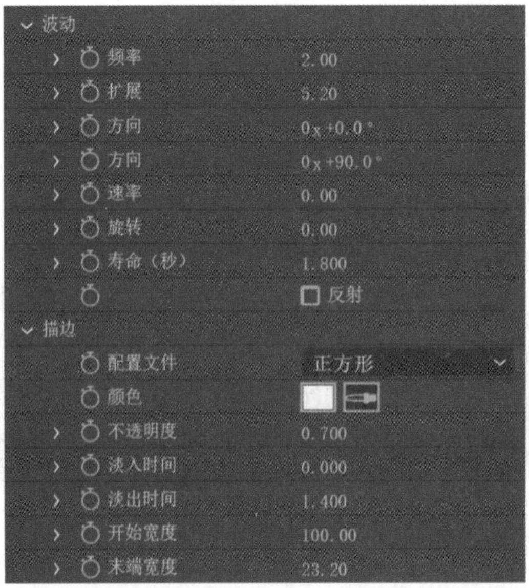

波动	
频率	2.00
扩展	5.20
方向	0 x +0.0°
方向	0 x +90.0°
速率	0.00
旋转	0.00
寿命（秒）	1.800
	□ 反射
描边	
配置文件	正方形
颜色	
不透明度	0.700
淡入时间	0.000
淡出时间	1.400
开始宽度	100.00
末端宽度	23.20

图 C04-34

图 C04-35

㉕ 根据上述步骤制作其他"顶点",使其"点线面"效果更加富有动感,为"跟踪点"添加【位置】关键帧动画,如图 C04-36 所示。

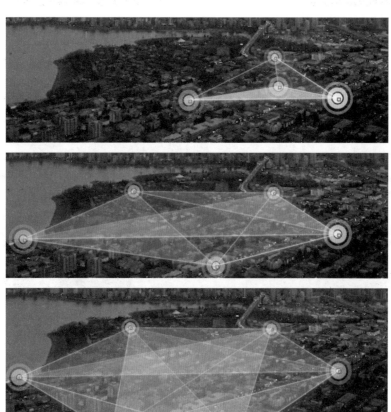

图 C04-36

㉖ 根据上述"点线面"效果,制作五个"点线面"效果,如图 C04-37 所示。

图 C04-37

图 C04-37（续）

27 根据上述制作的"数据流"效果，使用粒子制作"数据流"效果的背景，如图 C04-38 所示。

图 C04-38

28 使用 E3D 效果制作"数字时代"标题文字，单独创建文字和 E3D 效果层，使用文字挤压工具，将文字挤出为其添加材质；在【效果控件】中添加【Position XY】【Position Z】【Y Orientation】关键帧动画，制作文字砸下的效果；添加"灯光"照明文字标题，如图 C04-39 所示。

图 C04-39

29 将标题文字预合成，选择图层"海城.mp4"，在【效果控件】中单击【3D 摄像机跟踪器】按钮，在【查看器】面板中选择"跟踪点"右击创建空白，将标题文字预合成并与"跟踪点"贴合，按住 Shift 建立父子级；至此，数字时代案例就制作完成了，单击▶按钮或按空格键，查看制作效果，如图 C04-40 所示。

图 C04-40

📖 **读书笔记**